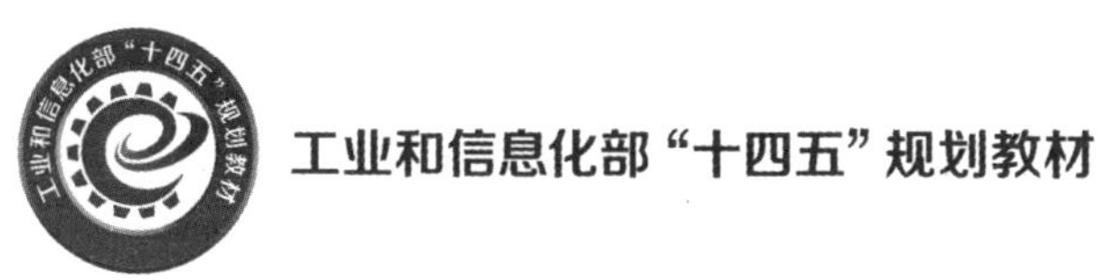

核电站运行虚拟仿真实验教程

主　编　薛若军
副主编　黄善仿　成守宇
主　审　彭敏俊

哈尔滨工程大学出版社
Harbin Engineering University Press

内容简介

本书以压水堆核电站为对象，系统介绍了压水堆核电站的系统组成、运行原理及操作规程。全书内容涵盖了压水堆核电站的主要系统和设备、核电站运行方案、运行及控制原理以及相关运行限制条件。此外，本书还介绍了以压水堆核电站为基础开发的核电站虚拟仿真实验教学系统，以及相关的核电站运行虚拟仿真实验。

本书可作为高等院校核工程与核技术专业高年级本科生的实验教材，也可供相关专业研究、设计和运行管理的工程技术人员参考。通过本书的学习，学生可以更深入地了解压水堆核电站的运作原理和操作规程，为未来的科研和工作打下坚实基础。此外，本书还可以为工程技术人员提供有用的参考信息，以帮助其更好地理解和掌握压水堆核电站的运行与操作。

图书在版编目(CIP)数据

核电站运行虚拟仿真实验教程 / 薛若军主编. —哈尔滨：哈尔滨工程大学出版社，2024.1
ISBN 978-7-5661-4192-7

Ⅰ. ①核… Ⅱ. ①薛… Ⅲ. ①核电站-运行-计算机仿真-教材 Ⅳ. ①TM623.7

中国国家版本馆 CIP 数据核字(2024)第 047296 号

核电站运行虚拟仿真实验教程
HEDIANZHAN YUNXING XUNI FANGZHEN SHIYAN JIAOCHENG

选题策划 石 岭
责任编辑 马佳佳 宗盼盼
封面设计 李海波

出版发行 哈尔滨工程大学出版社
社　　址 哈尔滨市南岗区南通大街 145 号
邮政编码 150001
发行电话 0451-82519328
传　　真 0451-82519699
经　　销 新华书店
印　　刷 哈尔滨午阳印刷有限公司
开　　本 787 mm×1 092 mm　1/16
印　　张 11.5
字　　数 285 千字
版　　次 2024 年 1 月第 1 版
印　　次 2024 年 1 月第 1 次印刷
书　　号 ISBN 978-7-5661-4192-7
定　　价 48.00 元
http://www.hrbeupress.com
E-mail:heupress@hrbeu.edu.cn

前　言

随着科技的不断进步，社会对高等教育的要求不断提高，其中培养和提高学生对工程实际的认识是不可或缺的教学环节。核工程专业由于其相关实验条件的复杂性和限制性，难以在高等院校实验室大规模开展，而虚拟仿真实验可以很好地避开核工程实际实验条件的复杂性，提高学生对工程实际的认知水平，为后续的工作和学习打下坚实基础。

全书共分5章：

第1章为压水堆核电站系统组成。本章对压水堆核电站各个回路以及维持核电站安全运行的专设安全设施中的各分系统的结构、组成、运行模式及主要功能进行了介绍。

第2章为核电站运行原理。本章对压水堆核电站的运行模式、操作原则进行了说明。同时，介绍了核动力装置的运行限值和条件，并针对核电站的几种常见运行状态和运行方案进行了介绍。

第3章为核电站技术规格书介绍。本章对核电站运行时的安全目标、操作规程及各系统的运行条件、运行限值进行了详细说明。核电站在运行时的各项操作都应在技术规格书允许的范围内进行。

第4章为核电站虚拟仿真实验教学系统。核电站虚拟仿真实验教学系统包含了自主开发的核电站反应堆物理、一回路热工水力、一回路辅助及专设安全系统、二回路系统、电力系统和控制系统等系统和设备的仿真模型，能够实时模拟整个核电站运行，开展运行特性分析实验。

第5章为核电站运行虚拟仿真实验。包括反应堆功率调节实验、反应堆运行特性实验、核电站主要设备运行特性实验、核电站停堆实验及核电站典型事故运行实验。针对每个实验项目均从实验目的、所需设备、实验原理及内容、实验步骤等方面进行了说明，并配有教学视频，扫码即可观看学习，方便学生预习及参考。

本书由薛若军任主编，黄善仿、成守宇任副主编，彭敏俊任主审。其中，第1章和第2章由哈尔滨工程大学薛若军编写；第3章由清华大学黄善仿编写；第4章由哈尔滨工程大学成守宇编写；第5章由哈尔滨工程大学薛若军、成守宇、夏庚磊共同编写。种皓方同学参与了部分图纸的绘制和文字的校对工作。本书在编写过程中得到了哈尔滨工程大学核科学与技术虚拟仿真实验教学中心，以及相关设计和运行单位及同行们的指导和支持，参考了相关书籍和文献资料，在此谨向提供资料的作者和给予帮助的同行们表示感谢。

本书的出版得到了哈尔滨工程大学出版社的帮助，编者在此表示衷心的感谢。

由于编者水平有限，书中不足之处在所难免，恳请广大读者批评指正。

编　者

2023年12月

目　录

第 1 章　压水堆核电站系统组成

1.1　反应堆冷却剂系统

1.1.1　概述

反应堆冷却剂系统（图 1.1），即一回路反应堆冷却剂系统，是核电站最重要、最基本的系统。核裂变能量的导出、转逆在该系统内发生。该系统基本部分均要承受高压，构成了所谓“压力边界”，是核电站的三道“安全屏障”之一。实际上，该系统功能的正常发挥，具有重大的经济意义，也维护了核电站的安全，避免了放射性物质向环境的释放。

1. 系统范围

一回路反应堆冷却剂系统可分为两部分，即一回路部分和卸压蒸汽收集部分。

一回路的主要部件：

①反应堆压力容器。容器还包括控制棒驱动机构套管。

②蒸汽发生器的主冷却剂侧。

③主泵。

④稳压器。上接有卸压阀、安全阀、喷淋阀和波动管。

⑤主管道。共分三个部分，即压力容器与蒸汽发生器之间的热段、蒸汽发生器与主泵之间的过渡段和主泵与压力容器之间的冷段。

⑥两支测温旁路，每条环路各一支。

⑦属于环路的辅助系统部分管道。即隔离阀以前的管道以及管道上的阀门和附件。

卸压蒸汽收集部分包括稳压器、卸压箱及其卸压管道。

2. 系统功能

正常功率运行时，导出堆芯裂变热，并将导出的热量传给蒸汽发生器二次侧的给水，使之变成饱和蒸汽，以驱动汽机发电机组。

①在停堆冷却阶段，通过蒸汽发生器排放蒸汽和向停堆冷却系统传热，以带走堆芯衰变热和一回路反应堆冷却剂系统的蓄热。

②主冷却剂是含硼除盐水。通过其硼浓度的改变可以补偿堆芯反应性的变化。主冷却剂还同时兼作中子慢化剂和反射层。

③作为堆冷却剂系统压力边界，包容堆冷却剂，构成防止放射性外逸的第二道安全屏障。

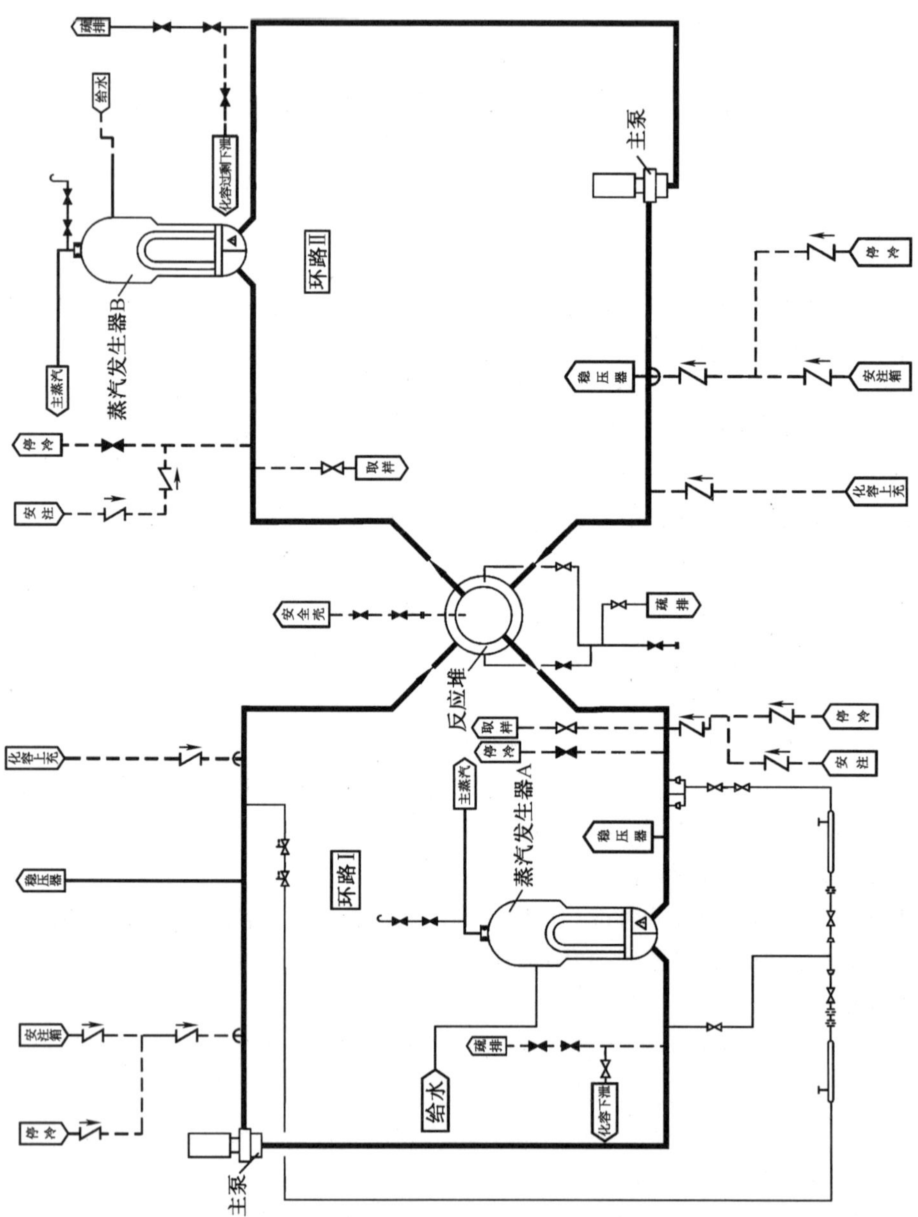

图 1.1 反应堆冷却剂系统

3. 系统布置

一回路反应堆冷却剂系统的主要设备均布置在安全壳内。反应堆位于厂房中心的堆腔室内。腔室周围是一次屏蔽墙。环路分别位于换料水池两侧的设备间内,并且以反应堆为中心对称布置。蒸汽发生器和主泵为立式布置,且用屏蔽墙隔开。蒸汽发生器与堆芯的高度差保证了一回路反应堆冷却剂系统具有足够的自然循环能力。

1.1.2 流程

正常运行时,主冷却剂在堆芯吸收核燃料裂变放出的热量后,从反应堆出口管流出,沿系统的两条主管道的热段部分流经两台蒸汽发生器 U 形传热管,将热量传给管外的二次侧给水,再由主管道过渡段部分进入主泵,经主泵升压后,由主管道冷段部分返回反应堆堆芯完成闭合循环。

正常运行时,主冷却剂压力高,处于过冷状态。当其从堆芯吸热后,不会产生容积沸腾,从而避免了堆芯传热条件恶化。运行时,虽然环路中各点压力略有差异,但以稳压器内压力作为整个系统的工作压力,其内的冷却剂处于气液两相平衡的饱和状态。如果一回路反应堆冷却剂系统温度上升,冷却剂膨胀,经波动管进入稳压器,压缩稳压器内蒸汽汽腔而使系统压力上升,压力控制器使喷淋阀打开或增大喷淋流量,过冷水使一部分蒸汽冷凝,从而达到降低蒸汽密度的目的,限制压力的上升;反之,如系统温度下降,则稳压器内的水经波动管流出稳压器,汽腔内蒸汽密度下降,系统压力下降,稳压器内一部分饱和水因压力下降而闪蒸,从而限制了蒸汽密度和压力的下降。如压力下降过多,压力控制系统将投入更多的电加热器,更多的水被蒸发,从而使压力恢复正常。

从每条环路的冷、热段各引一根测温旁路管。每条环路的冷、热段测温旁路管后都设有流量孔,指示流量值。

1.1.3 稳压器

1. 设备功能

①启动过程中对一回路反应堆冷却剂系统升压;

②正常稳定运行时,维持一回路反应堆冷却剂系统压力;

③电厂瞬态过程中,控制一回路反应堆冷却剂系统压力在允许范围内;

④发生事故时,避免一回路反应堆冷却剂系统超压。

2. 结构简述

稳压器(图 1.2)是一只立式圆筒形高压容器。稳压器由上封头、下封头和三节筒体构成。上封头上装有喷淋装置,通过一根喷淋接管、两只并联的喷淋阀与一回路反应堆冷却剂系统冷段相连。上封头上还有两根安全阀接管、一根卸压阀接管,分别与两只安全阀和两只卸压阀相连。为减少热应力,喷淋器接管设置热套管。为减少水滴对容器壁的热冲击,上筒体内设有薄筒形冷屏蔽组件。

下封头中央为波动管接管。通过波动管与一回路反应堆冷却剂系统热段相连。下封头上还设置有直插式电加热元件,可单根更换。下筒体内有上、下隔板各一块,作为电加热器的横向支撑板。

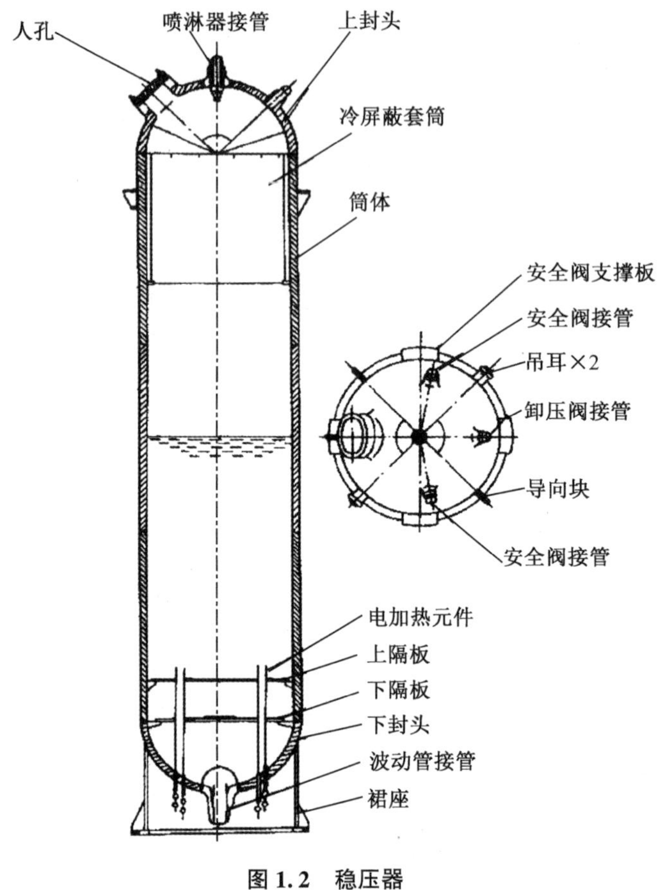

图 1.2　稳压器

3. 主要部件及其运行特性

(1)喷淋阀及连续喷淋

喷淋阀受压力控制系统控制,按稳压器压力比例调节其开度。喷淋水来自两个环路冷段。当主泵不运行时,也可用来自化学容积控制系统(化容系统)的水进行辅助喷淋。

(2)安全阀

稳压器顶部两只安全阀是一回路反应堆冷却剂系统超压保护的最终手段。安全阀排放管上设有温度监测和高温报警装置,以监测安全阀的严密性和动作情况。

(3)卸压阀

两只电磁气动卸压阀在系统压力达到定值时自动开启向卸压箱排气。压力降到定值时关闭。

卸压阀排放管上设有温度监测和高温报警装置,以监视卸压阀的泄漏或动作。

(4)电加热器

稳压器电加热器由电加热元件组成,包括比例加热器和备用加热器。

正常运行时,比例加热器部分投入以加热小流量连续喷淋的过冷水并补偿稳压器对环境的散热,确保稳压器内水蒸气处于饱和状态。

1.1.4 主泵

1. 功能

主泵的功能是为反应堆冷却剂提供循环压头,且在失去工作电源时,靠主泵转子自身的惯量转动,能在一定时间内保持部分流量,带出堆芯热量,保证堆芯安全。

2. 结构简述

主泵为立式,单级混流泵。机组由泵部件、电机、主推力轴承三大部件组成。主推力轴承设置在中间。主冷却剂在泵的底部进入,水平排出。机组转轴由泵轴、传动轴和电机轴三段组成。

(1)泵部件

泵部件主要由泵壳、叶轮、导叶、引水短管、水润滑径向轴承、螺旋泵的轴密封组件组成。

(2)电机

电机为三相、立式、防滴式鼠笼异步电动机,它由转子、定子、推力轴承止逆机构、风冷器、飞轮和若干附件组成。

反应堆冷却剂泵结构示意图如图 1.3 所示。

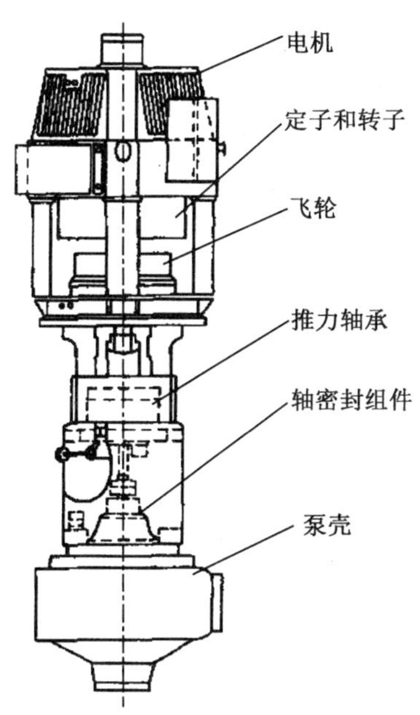

图 1.3 反应堆冷却剂泵结构示意图

(3)主推力轴承

主推力轴承为双向推力轴承,位于电机和泵之间。一回路反应堆冷却剂系统正常运行时,承受泵转子向上的推力;一回路反应堆冷却剂系统低压启动时,承受转子向下的推力。推力轴承内装有导轴孔、设冷器和机械密封等。

1.1.5 蒸汽发生器

1. 功能

蒸汽发生器(图 1.4)为压水堆电站一、二回路之间的热交换设备。反应堆冷却剂向蒸汽发生器二次侧传递热量,使二次侧给水变成蒸汽,这些蒸汽再经汽水分离器分离和干燥后离开蒸汽发生器,去驱动汽轮机。

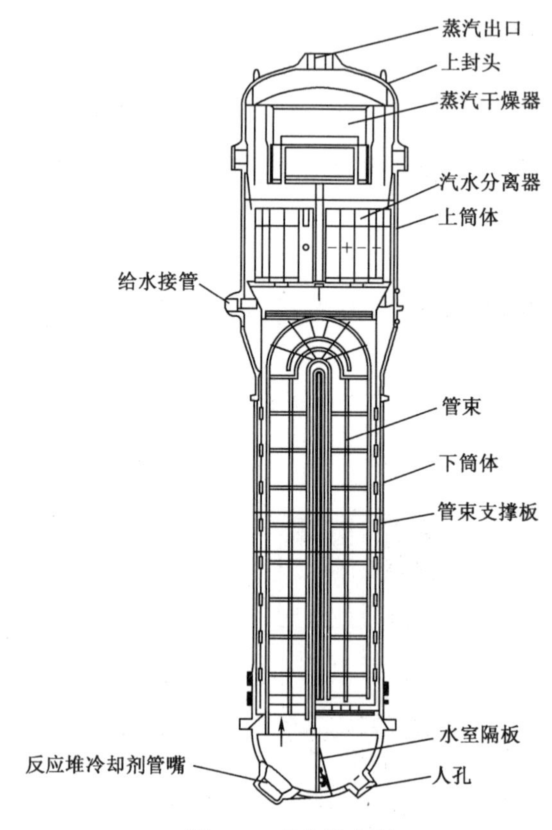

图 1.4 蒸汽发生器

蒸汽发生器传热管作为一回路反应堆冷却剂系统压力边界的一部分,还有“安全屏障”的功能。

2. 结构简述

蒸汽发生器由传热管、管板、下封头、上封头、汽水分离器、管束支撑板、给水管、流量分配挡板、蒸汽环流器、一次侧筒体、上筒体、下筒体和锥形体等部件组成。

下封头内由水室隔板分成两个相同的水室,主冷却剂由堆芯出来,经进口水室进入 U 形管,在流经 U 形管时将热量传递给二回路给水,然后经出口水室、出口接管和主泵流回反应堆。

二回路给水由上筒体处的给水接管进入环形给水管。环形管上有许多倒 J 形管,以防给水中断后环形管排空,再供水时造成水击。给水由倒 J 形管喷出,与汽水分离器的疏水混合后,经过下降套筒和下筒体之间的环形通道,由下降套筒和管板之间的通道进入管束。

给水在通过管束上升时被加热，部分水变成蒸汽，形成汽水混合物。汽水混合物流出管束顶部后进入一、二级分离器进行粗分离，最后经均汽孔板及限流器进入主蒸汽管道。

1.1.6 卸压箱

1. 功能

卸压箱的功能是当一回路反应堆冷却剂系统压力升高时，接收由稳压器安全阀或卸压阀排放的高温高压蒸汽，使之冷却和凝结，此外也接收化容系统、停冷系统、安全注射系统（安注系统）等辅助系统安全阀排放的流体。

2. 设计准则

①卸压箱的容量与其内的水体积，在运行瞬态或事故工况期间应确保无蒸汽或水逸入安全壳。

②卸压箱应设置高温、高压和高水位、低水位报警信号。

③卸压箱应采用隔膜破裂方式来进行超压保护，该隔膜破裂时的排出量还应等于稳压器安全阀的设计排量。

3. 结构简述

卸压箱是一个卧式圆筒形容器，它由两个椭圆封头、筒体和两个鞍形支座组成。在筒体上还有氮气扫气接管、压力表接管和疏水管。

4. 运行特性

正常运行时，卸压箱下部装有水，上部充以氮气。箱内压力由供氮系统自动调节。当稳压器的安全阀或卸压阀开启时，高温高压蒸汽经进气管进入卸压箱内的鼓泡管，并通过鼓泡管上密布的小孔均匀地喷出，与卸压箱内的冷水直接混合并被冷却和凝结。

1.2 一回路辅助系统

1.2.1 化学容积控制系统

1. 概述

化学容积控制系统（图 1.5）是核电站重要的一回路辅助系统，简称化容系统。其对于维持反应堆的正常运行状态，以及事故工况下保证反应堆安全起着重要的作用。在正常运行工况下，化容系统主要承担：维持一回路反应堆冷却剂系统适当的水容积；净化反应堆冷却剂；调节反应堆冷却剂硼浓度；提供主泵轴封注入水等功能。事故工况下，化容系统向一回路反应堆冷却剂系统提供高压紧急注射流量。

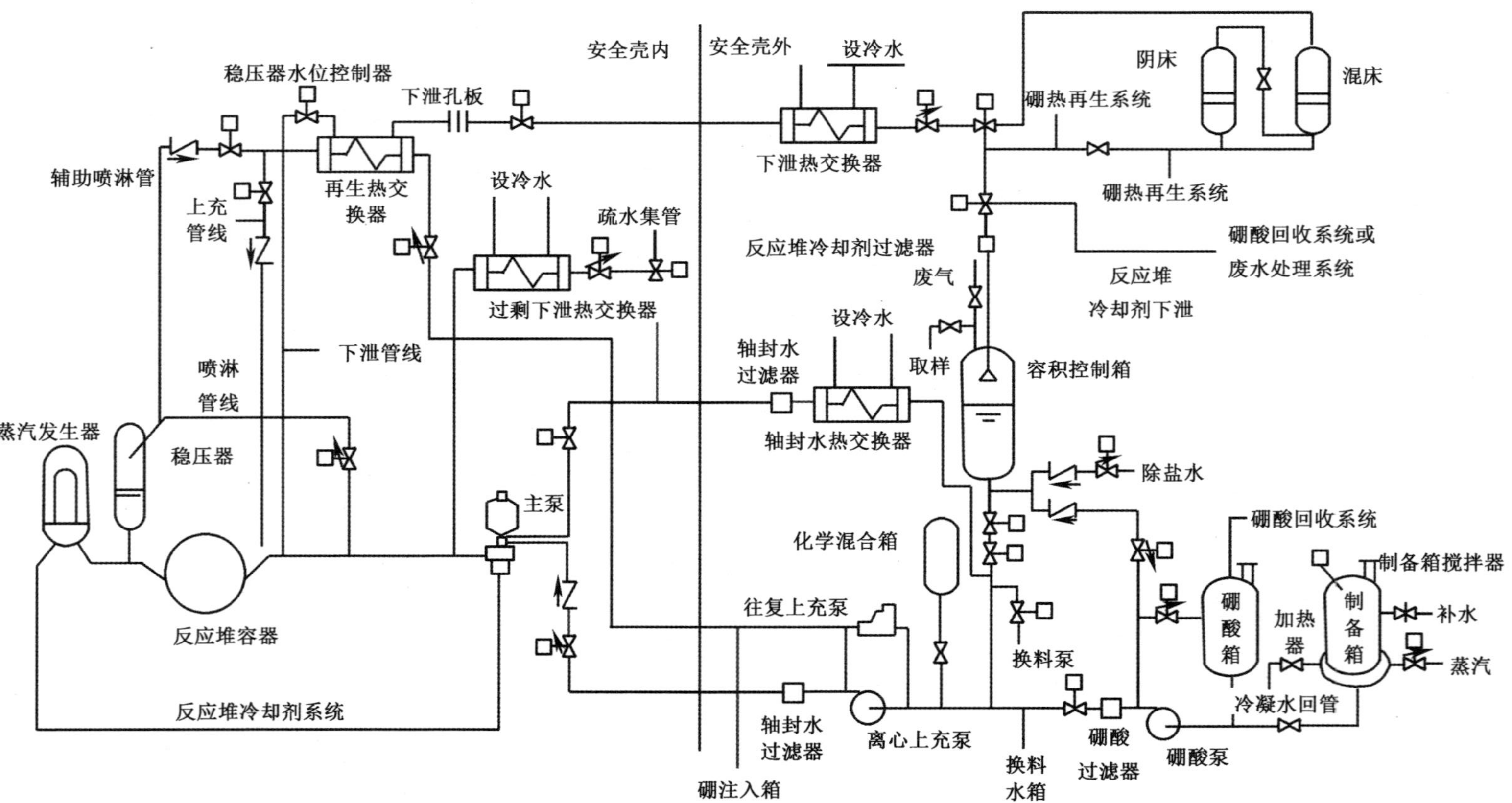

图 1.5 化学容积控制系统

2. 系统功能

(1)化学补偿控制。调节反应堆冷却剂中的硼浓度,维持反应平衡并展平堆芯中子通量分布。

(2)容积控制。维持一回路反应堆冷却剂系统适当的水容积,使稳压器水位按规定程序变化并补偿一回路反应堆冷却剂系统微量的泄漏。

(3)水质控制。净化反应堆冷却剂,控制酸碱度和 O_2、H_2 浓度,以减少冷却剂对设备和管道的腐蚀。在0.5%的燃料包壳破损情况下,能保持堆冷却剂水质及放射性水平符合要求。

(4)提供主泵轴封注入水。

(5)作为高压安注的一部分,在失水事故(loss of coolant accident,LOCA)或主蒸汽管道破裂时,事故的初始阶段向一回路反应堆冷却剂系统紧急加注浓硼酸和换料水箱内硼水。

(6)对稳压器进行辅助喷淋。

(7)承担一回路反应堆冷却剂系统充水的任务。

3. 化容系统系统流程

(1)下泄系统

下泄系统包括正常下泄、过剩下泄;水质净化也由该系统承担。正常下泄流从一回路反应堆冷却剂系统环路引出。下泄流经再生热交换器管侧,在再生热交换器中,下泄流将热量部分传递给流经壳侧的上充流,减小进入一回路反应堆冷却剂系统的上充流与一回路反应堆冷却剂系统冷却剂之间的温差。从再生热交换器出口下泄流经过降压孔板后,进入非再生热交换器管侧,经设备冷却水冷却。冷却后的下泄流经下泄背压控制阀,进入树脂床前过滤器,滤去冷却剂中胶体状态悬浮物和部分固体颗粒,然后进入净化床,除去离子状态的腐蚀产物及裂变产物,使水质得到净化。净化后的下泄流再经过床后过滤器,滤去破碎的树脂后,进入容控箱。容控箱上部空间充氢气,正常工作压力为0.1~0.12 MPa,保证上充泵净正吸入压头。在非核加热工况下,容控箱空间由氮气覆盖,防止因氢浓度过高而引起爆炸。正常运行时,当冷却剂中氢浓度超过一定范围时,由氮气置换部分氢气。

(2)上充系统

上充系统包括主泵密封注入/回流水分支系统。正常运行时,一台离心式上充泵工作,一台离心式上充泵备用。离心式上充泵流量小、扬程大。正常运行时,上充泵水源来自容控箱。上充流量的一部分作为主泵的轴密封水;另一部分上充流量,进入再生热交换器壳侧,被下泄流加热后进入一回路反应堆冷却剂系统环路冷段。上充流还可用于稳压器的辅助喷淋。

在一回路反应堆冷却剂系统功率运行时,上充流是由稳压器液位信号自动控制阀门开度进行调节的。必要时,操纵员可调整下泄孔板的数量来增大或减小下泄流量,使稳压器液位保持在正常范围。

(3)化学添加系统

为保证一回路反应堆冷却剂系统冷却剂水质,要求随时能够向一回路反应堆冷却剂系统添加化学药品,为此,在化容系统中设置了化学添加分系统,它由化学添加箱和相应的管道、阀门组成，将所需量的化学药品加入添加箱内，用硼回补水稀释后，冲入上充泵入口送到一回路反应堆冷却剂系统内。

当电站启动、升温时，可以添加联氨除氧，直至水质符合标准。正常运行时，添加氢氧化锂以调节冷却剂中的 pH 值。

(4)硼酸贮存和添加系统

硼酸贮存和添加系统制备和贮存足够量的(7 000 ppm①)浓硼酸，用于反应堆化学补偿控制，以及向换料水箱、安注箱分别补充 2 400 ppm 硼水和 7 000 ppm 浓硼酸，在失水事故工况时，向一回路反应堆冷却剂系统注入浓硼酸。

1.2.2 设备冷却水系统

1. 功能

设备冷却水系统(图 1.6)的功能包括如下几个方面。

(1)设备冷却水系统是一个中间冷却系统，在需要冷却的设备和电站最终热阱(海水)之间提供一个可进行监督的中间屏障，避免放射性流体与海水混合。

(2)设备冷却水在核电站正常运行、停堆或事故工况下，从需要冷却的设备及其他重要设备中导出热量。

①反应堆正常运行时，设备冷却水系统向核电站一回路主辅系统需要冷却的设备提供所需的冷却水。

②反应堆在停堆换料时，设备冷却水系统带走反应堆余热及换料水池的热量，并继续对有关设备提供冷却水。

③在事故工况下，反应堆冷却剂系统失水或安全壳内主蒸汽管道破裂时，对专设安全设施提供冷却水。

2. 流程

本系统由两组设冷泵、两台设冷热交换器、两个设冷波动箱、缓蚀剂添加箱以及相应的阀门、管道和仪表组成。

在设备冷却水系统运行时，设冷泵输送设冷水，经过设冷热交换器的壳侧，将热量传给管侧的海水，然后再分别经过母管，流经需冷却的设备，最后返回设冷泵的入口。

设冷热交换器出口设冷水桥管上引出一管线至波动箱上部，该管线上还连接缓蚀剂添加箱。波动箱的下部通过管线和阀门分别接着三台设冷泵的入口。波动箱还设有补水管线。

余热排出热交换器、辅助给水泵、喷淋泵、上充泵、安注泵和余热排出泵的机械密封冷却器被分为两组。它们的冷却水分别由设冷系统 A、B 管供给。

一回路主辅系统被冷却的设备均由设冷系统 C 母管供水。C 母管分为三股：一股引入废燃料池冷却器；一股引入反应堆厂房，冷却反应堆冷却剂泵和过剩下泄热交换器；一股引入辅助厂房，冷却辅助系统设备。

---

① 1 ppm $=1\times10^{-6}$，表示百万分之一。

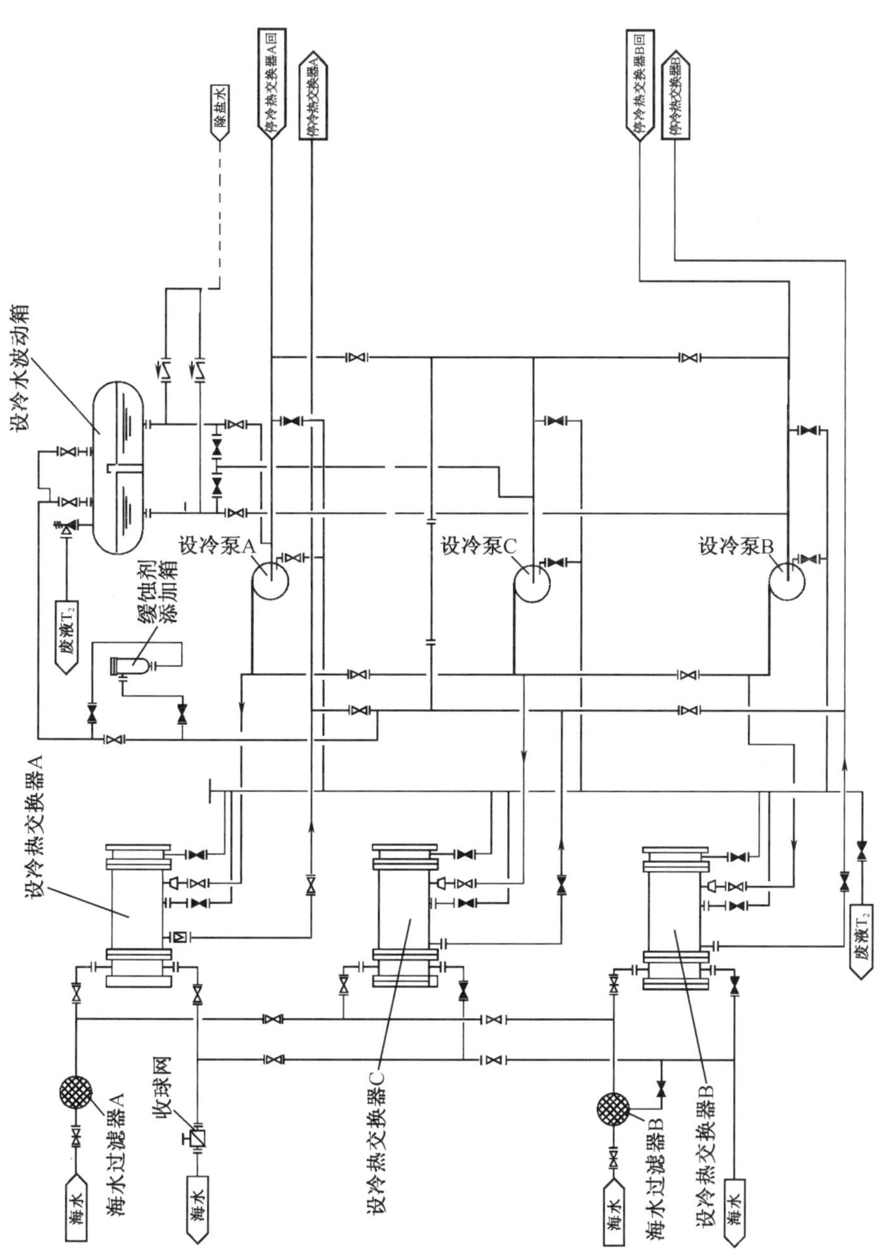
设冷水波动箱
除盐水
停冷热交换器A回
停冷热交换器A
停冷热交换器B回
停冷热交换器B
设冷泵A
设冷泵C
设冷泵B
缓蚀剂
添加箱
废液T_2
设冷热交换器A
设冷热交换器C
设冷热交换器B
海水过滤器A
海水过滤器B
收球网
海水
海水
海水
海水
废液T_2

图 1.6 设备冷却水系统

正常运行时,设冷热交换器壳侧设冷水压力高于管侧海水压力,以防止海水向设冷系统泄漏。

为了避免因泄漏而危及整个设冷系统,可以关闭有关阀门而使设冷系统分成两个独立的系列。这样可隔离任一受影响的系列。

此外,在设冷系统的出入口桥管上设有一剂量监测装置,监测被冷却设备中的放射性液体漏入设冷系统的剂量。

1.2.3 一回路海水系统

1. 功能

一回路海水系统用于输送海水以冷却设冷热交换器和应急柴油发电机冷却器。

2. 流程

一回路海水系统由海水泵、设备冷却水分系统(划归设冷系统)以及管道、阀门等组成。

一回路海水系统设计满足单一故障准则,由两个系列组成,每个系列有两台海水泵,由专设安全母线供电。

海水从取水头部经过输水管线进入吸水室,每个输水管线供两台泵。一回路海水系统所带出的热量排至大海。为防止系统中微生物滋生繁衍,需定期加入次氯酸钠溶液。

3. 系统运行

由于一回路海水系统用于冷却设冷水系统,因此,各种运行模式均要求该系统能连续运行。

一回路海水系统和运行准备由就地值班人员进行。主控室操纵员启动海水泵及调节流量。

核电站在正常运行工况下,一台一回路海水泵投入运行即可。但由于工况的不同及季节的不同,有时需两个系列各有一台海水泵投入运行。正常运行时,两个系列是连通运行的。出现异常后,需隔离使之成为两个独立运行系列。

1.3 专设安全设施

1.3.1 专设安注系统

1. 功能

安注系统(图1.7)作为应急堆芯冷却系统的一部分,在核电站一回路系统发生失水事故或二回路主蒸汽大量流失事故时,向堆芯提供足够的含硼量高的冷却剂流量,确保堆芯处于次临界,并确保堆芯剩余热量导出,以避免或减少堆芯损坏。

2. 流程

安注系统由化容上充泵、高压安注系统(包括安注箱)、低压安注系统、换料水箱、安全壳地坑等部分组成,这几个部分互相配合使用共同完成堆芯应急冷却任务。两台离心式上充泵及其管道属此分系统。

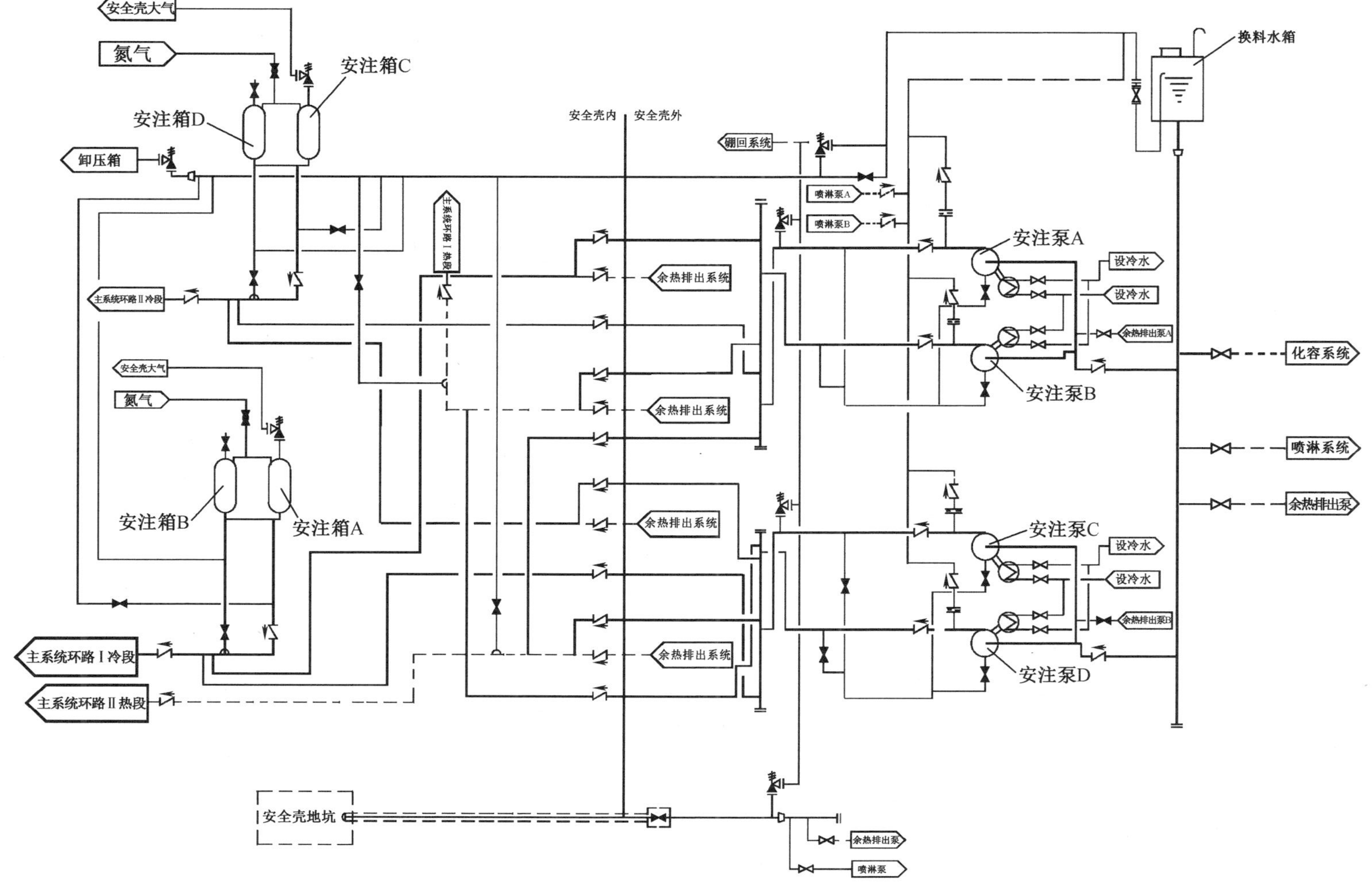
换料水箱
化容系统
喷淋系统
余热排出泵
设冷水
设冷水
余热排出泵A
安注泵A
安注泵B
设冷水
设冷水
余热排出泵B
安注泵C
安注泵D
喷淋泵A
喷淋泵B
硼回系统
余热排出系统
余热排出系统
余热排出系统
余热排出系统
余热排出泵
喷淋泵
安全壳内
安全壳外
主系统环路Ⅰ热段
安注箱C
安注箱D
安注箱A
安注箱B
安全壳大气
氮气
卸压箱
主系统环路Ⅱ冷段
安全壳大气
氮气
主系统环路Ⅰ冷段
主系统环路Ⅱ热段
安全壳地坑

图 1.7 安全注射系统

(1)高压安注系统

高压安注系统有四台高压安注泵,每两台为一组,每组安注泵的入口通过逆止阀和电动隔离阀与换料水箱相连。每组安注泵的入口还通过电动隔离阀分别与停冷泵出口相连。每组安注泵出口并接在一根总管上,由总管分出四支分管,分别与一回路反应堆冷却剂系统两个环路的冷热段相连,可进行冷段和热段注射。

安注工况时,高压安注泵抽换料水箱存水向堆芯注入,再循环注射工况时,还可作为低压安注泵(停冷泵)的增压泵,将安全壳再循环地坑中的高温水注入堆芯。

安注泵出口管上装有小流量循环管。该管上设有隔离阀,堆正常运行时常开。在系统进行安注再循环,即换料水箱发出低-低液位信号时才关闭,以免高放射性水进入换料水箱,小流量循环管上设有逆止阀,避免各泵之间互相干扰。

安全注射分管进入安全壳,分别与一回路反应堆冷却剂系统两个环路的冷段和热段相连,安全壳两侧有电动隔离阀、逆止阀。在靠近注射总管处还有节流阀,通过该节流阀可调节各注射分线的流量基本相同,并可通过调试确定一个与低压安注泵相衔接时高压安注泵的最大允许流量,以保证低压安注泵从地坑吸水时出口充量大于或等于两台高压安注泵的流量,保证满足高压安注泵吸入压头的要求。

在冷段注射分管各节流阀前分别设有一个流量测点,分别控制各自分管上的电动阀。在流量大于规定值时,意味着与该支管相连的环路破损,自动关闭相应阀,迅速隔离该注射分管,避免换料水箱内的硼水从破口快速流失。

在热段注射分管上,设有试验管路。打开该管路上的电动隔离阀,即可定期进行有关试验。

冷段注射分管则和安注箱的充排管阀,及换料水箱试验集管组成试验回路。打开安注箱充排管阀和相应试验管段上的阀门,即可进行定期试验。

安注系统还包括两组安注箱,每组两只。每组安注箱通过底部的电动隔离阀和两只止回阀与一回路反应堆冷却剂系统冷段相连。正常运行时,电动隔离阀是常开的,这样一旦一回路反应堆冷却剂系统压力低于安注箱工作压力时,安注箱内硼水就顶开两只逆止阀自动向堆芯注入硼水。

每组安注箱底部接有一根充水管,充水管上有两只隔离阀。在这两只隔离阀之间还引出了一根管与试验集管相连,可以定期试验这两只阀门的密封性能。在隔离阀与止回阀之间也引出了一根试验管线和返回换料水箱的试验集管相连,供逆止阀进行泄漏试验。

安注箱上还设有取样阀门,供取样分析安注箱硼浓度及水质。

(2)低压安注分系统

详见 1.3.2 停堆冷却系统。

1.3.2 停堆冷却系统(图 1.8)

1. 功能

(1)在停堆 B 阶段,以可控的降温速率将堆芯和反应堆冷却剂系统的余热导出。

(2)在发生反应堆冷却剂系统失水事故时,作为应急堆芯冷却系统(Emergency Core Cooling System,ECCS)的一部分,即低压安注系统,发挥其功能。

(3)在换料工况时,对换料水池进行充水和排水。

(4)当反应堆冷却剂系统冷态启动时,提供低压下泄通道以净化主冷却剂。

2. 流程

停冷系统由两个并列的系列组成,每个系列单独完成所承担的任务,每个系列由一台停冷泵、一台停冷热交换器和相连的管道阀门、仪表组成。

停冷泵的吸入水源可分别来自反应堆冷却剂系统热段、换料水箱和安全壳地坑,停冷泵将水送至热交换器,在那里可由停冷热交换器壳侧流过的设冷水加以冷却。停冷热交换器有一条旁路管。通过停冷热交换器出口阀和旁路阀,可调节通过热交换器的流量。停冷热交换器在喷淋再循环工况时,由安全壳喷淋系统使用。

停冷泵出口另有一路可流向高压安注系统,它的作用是在安注再循环工况时停冷泵担任高压安注泵的前置泵,以满足高压安注泵的吸入压头要求。

为保护停冷泵,在停冷热交换器出口和泵的入口间接有小流量管和小流量控制阀。该阀状态由泵出口流量控制。

停冷系统的出口管与反应堆冷却剂系统热段、冷段均相连,以实现分别向热段和冷段注射。

在停冷泵系统出口管上另有一路大流量试验管线,主要在大流量试验和换料水池排水时使用。

去化容系统下泄管线的低压下泄通道也接在停冷泵的出口管上,而净化后的回水管则在泵入口管上。

1.3.3 安全壳喷淋系统

1. 功能

安全壳喷淋系统(图 1.9)有如下两个功能。

(1)降低安全壳内温度和压力,防止安全壳超压破坏。因失水事故而导致安全壳内温度压力升高,本系统输送含硼水(换料水箱和喷淋再循环时安全壳地坑含硼水)对安全壳大气进行喷淋,使安全壳内降温、降压。

(2)一回路发生失水事故时,为了减少放射性物质外泄,在喷淋液中添加一定量的 NaOH,用以除去安全壳大气中的放射性碘。

2. 流程

安全壳喷淋系统由两个独立的分系统组成,两个分系统共用一个 NaOH 添加回路。每个分系统由一台喷淋泵、一个喷射器、一台热交换器(喷淋再循环借用余热排出热交换器)、一组安全壳内喷淋管网和喷嘴,以及有关管道、阀门和仪表组成。

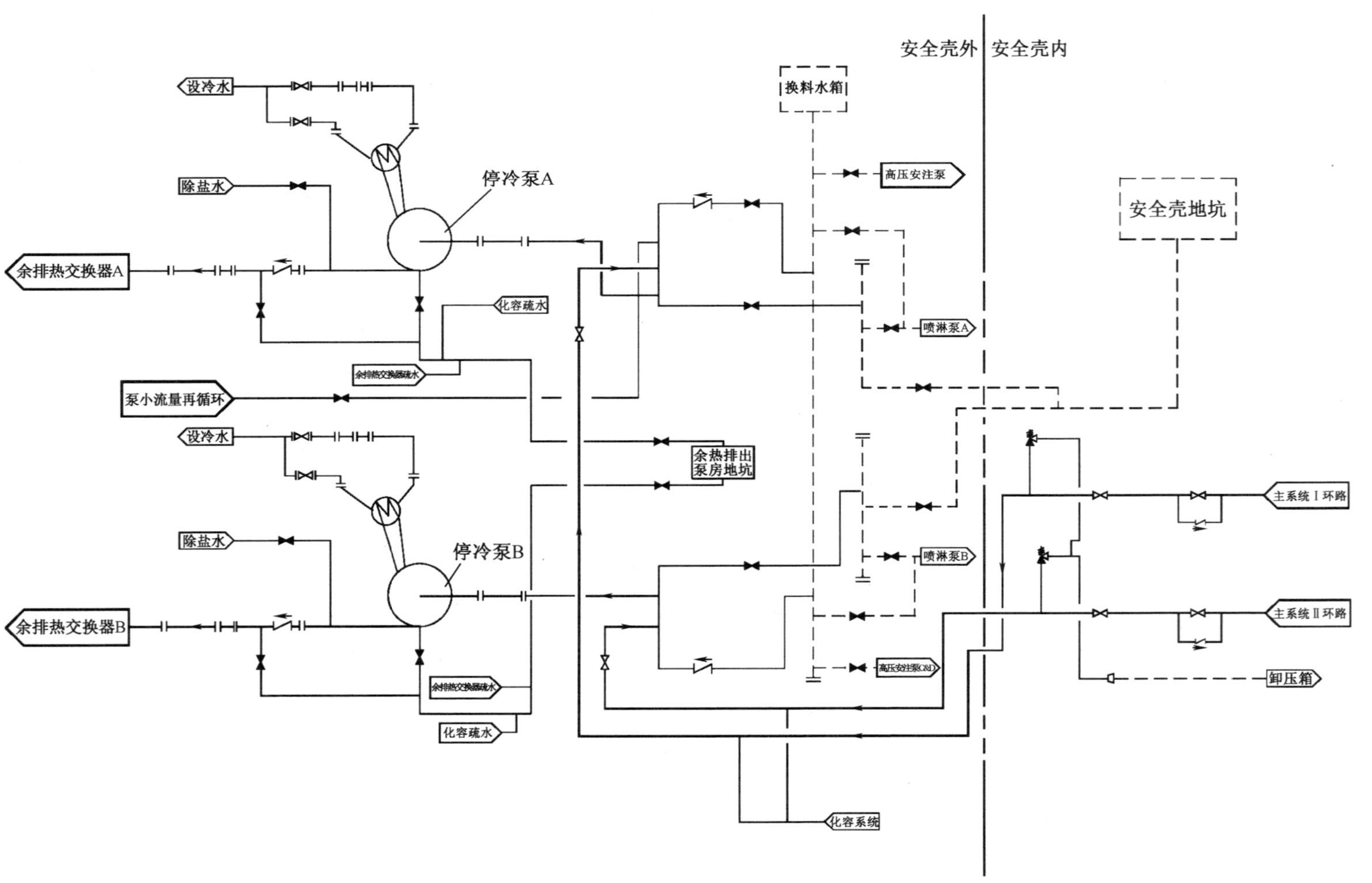

安全壳外
安全壳内
换料水箱
高压安注泵
安全壳地坑
喷淋泵A
喷淋泵B
设冷水
除盐水
停冷泵A
停冷泵B
余排热交换器A
余排热交换器B
化容疏水
余排热交换器疏水
泵小流量再循环
余热排出泵房地坑
主系统Ⅰ环路
主系统Ⅱ环路
卸压箱
化容系统

图 1.8 停堆冷却系统

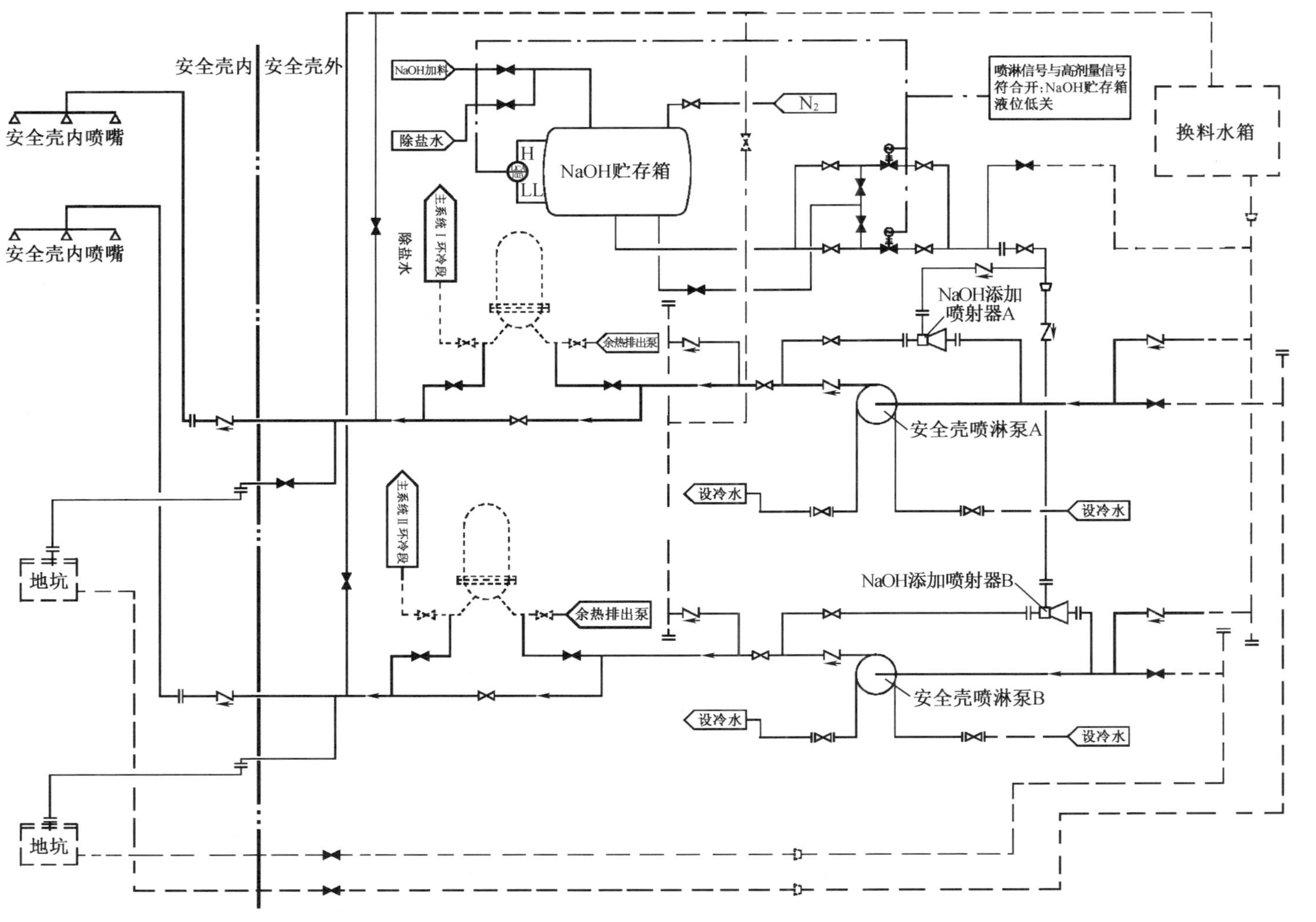
安全壳内
安全壳外
安全壳内喷嘴
安全壳内喷嘴
NaOH加料
除盐水
H
LL
NaOH贮存箱
N_2
喷淋信号与高剂量信号符合开：NaOH贮存箱液位低关
换料水箱
主系统Ⅰ环冷段
除盐水
余热排出泵
NaOH添加喷射器A
安全壳喷淋泵A
设冷水
设冷水
主系统Ⅱ环冷段
地坑
余热排出泵
NaOH添加喷射器B
安全壳喷淋泵B
设冷水
设冷水
地坑

图 1.9 安全壳喷淋系统

喷淋泵的吸入端与换料水箱及安全壳地坑相连。事故时，换料水箱或安全壳地坑内的含硼水由喷淋泵输送到安全壳顶部风机架下的喷淋集管，再经喷嘴喷淋到安全壳空间。

每台喷淋泵的进出口管道上均连着一台喷射器，引射流来自泵的出口，回到泵的进口，两台喷射器的被引射流是质量分数为30%的 NaOH 溶液，均来自一个 NaOH 储存箱。

两个喷淋系统分别由两路安全电源供电，每个系统均能提供100%喷淋能力。

1.3.4 辅助给水系统

1. 功能

辅助给水系统（图 1.10）的主要功能如下。

(1)在电站正常启动和停闭时，向蒸汽发生器提供给水。

(2)在电站事故工况下，尤其在全厂失电工况下，向蒸汽发生器提供足够的给水，保证堆芯剩余热量的导出。两台电动辅助给水泵自动启动。自动启动泵的信号下：

①所有主给水泵脱扣；

②任何一台蒸汽发生器的2/4低-低液位；

③任何一台蒸汽发生器的2/4低液位与汽水失配符合；

④6 kV 安全线失电；

⑤主给水隔离；

⑥安全注射。

1.4 二回路系统

二回路系统是核电站的重要组成部分。反应堆的冷却剂在蒸汽发生器内加热二回路的给水，使之成为饱和蒸汽送汽轮机做功。在满功率运行状态下，蒸汽发生器产生的饱和蒸汽由主蒸汽管道送至汽轮机高压缸内膨胀做功。在膨胀过程中，从高压缸前后流道不同的级后抽取部分蒸汽送到高压加热器用于加热给水及送到汽水分离再热器，用于加热高压缸排汽。高压缸的排汽一部分送往除氧器，大部分排往汽水分离再热器中进行汽水分离，并由抽汽和新蒸汽对其进行两次再热。从汽水分离再热器出来的过热蒸汽送入低压缸内继续膨胀做功。在膨胀过程中，从低压缸的前后流道抽取部分蒸汽分别送往各低压加热器中加热凝结水；低压缸的排汽排入冷凝器，并被海水冷却成为凝结水。

冷凝器热井中的凝结水由凝结水泵抽出升压后，经各级低压加热器加热后送到除氧器。除氧器对凝结水进行加热和除氧，且存储一定的除氧凝结水。主给水泵从除氧水箱底部吸水，将水升压后送至各级高压加热器中进一步加热，最后通过给水流量调节阀进入蒸汽发生器二次侧，吸收反应堆冷却剂热量转变成饱和蒸汽，从而形成一个完整的热力循环。

二回路热力系统如图 1.11 所示。

1.4.1 主蒸汽系统

主蒸汽系统的功能是将在蒸汽发生器二次侧产生的饱和蒸汽输送到汽轮发电机组，在那里将蒸汽的热能转换成机械能进而转换成电能。在正常运行时，它还具有以下功能：向二级再热器提供加热用汽，以便将汽轮机高压缸排出的饱和蒸汽经二级再热器加热成过热蒸汽，然后再进入低压缸做功；供给轴封和抽气器用汽；在低负荷和停机时可作为辅助蒸汽的汽源；供排放系统用汽。主蒸汽系统如图 1.12 所示。

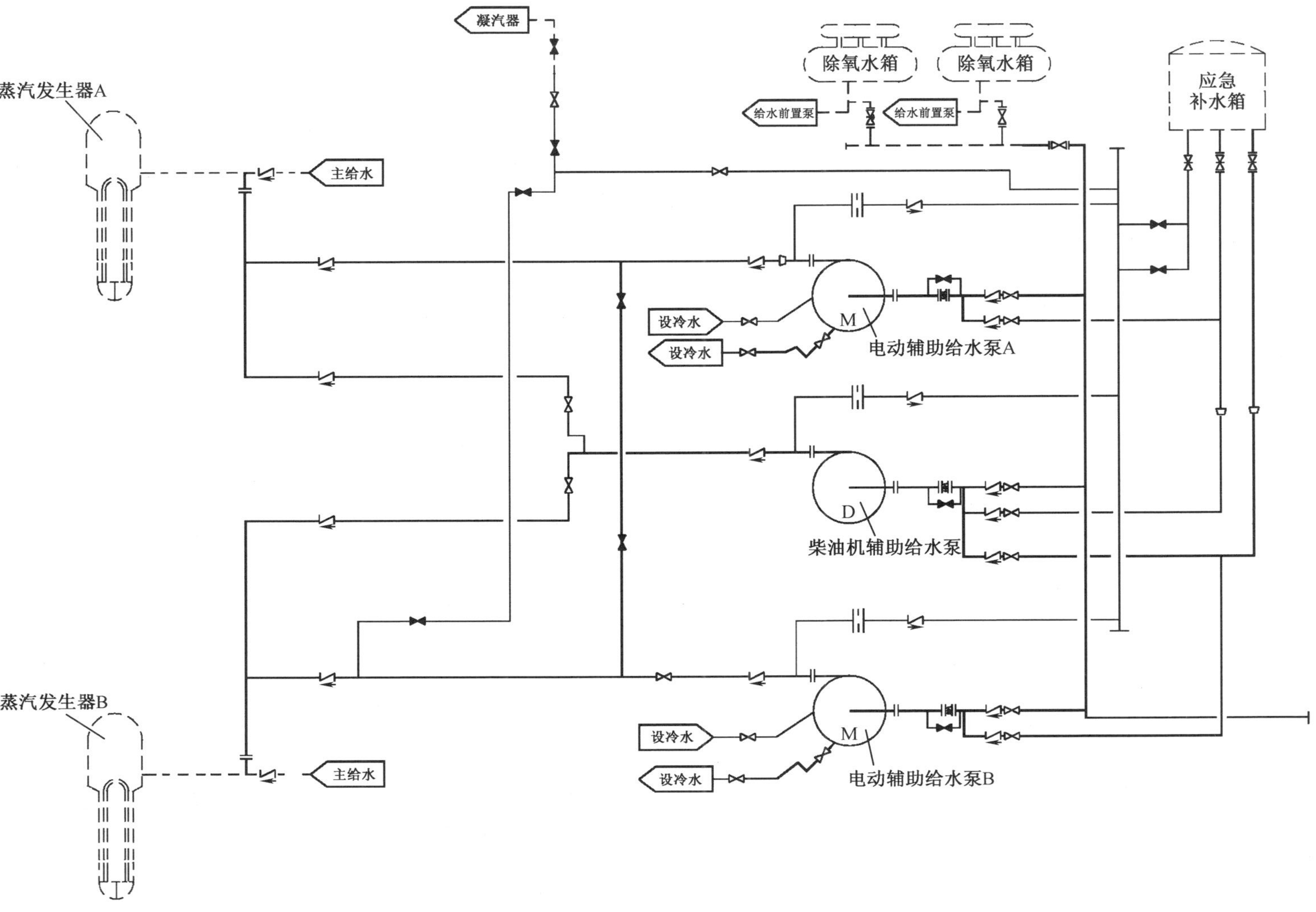

凝汽器
除氧水箱
除氧水箱
应急
补水箱
给水前置泵
给水前置泵
蒸汽发生器A
主给水
设冷水
设冷水
M
电动辅助给水泵A
D
柴油机辅助给水泵
蒸汽发生器B
设冷水
M
主给水
设冷水
电动辅助给水泵B

图 1.10 辅助给水系统

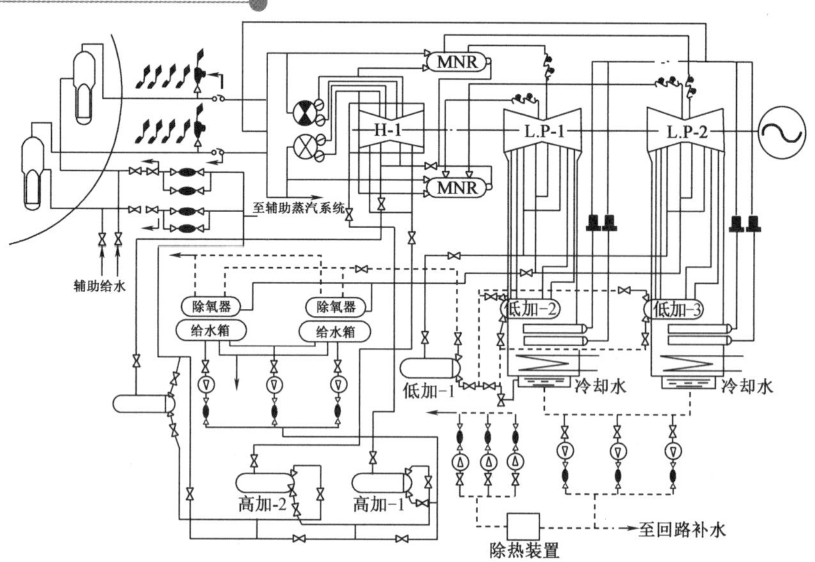

图 1.11　二回路热力系统

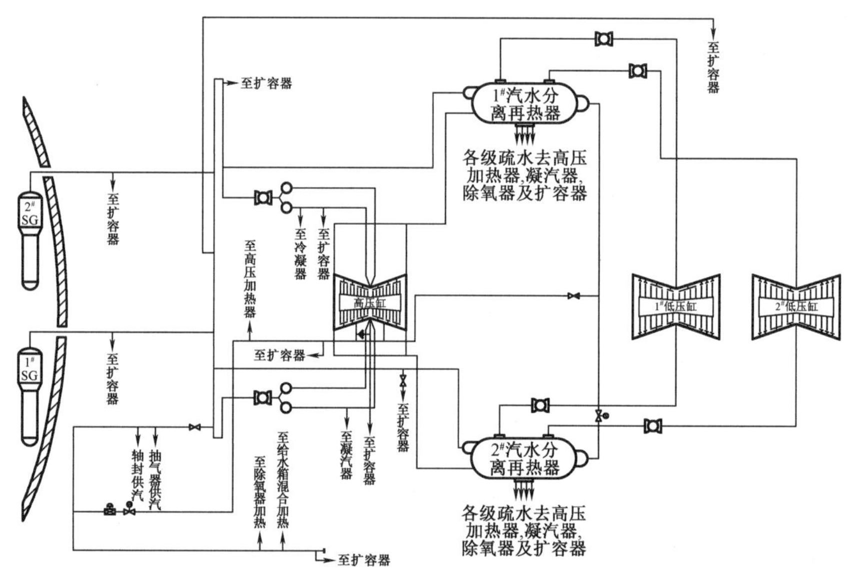

图 1.12　主蒸汽系统

1. 系统功能

(1)蒸汽流量限制器的功能

汽轮机有两条主蒸汽管道。主蒸汽由管道输送,在穿过安全壳贯穿件后的两条主蒸汽管上,分别装设弹簧式安全阀及主蒸汽安全阀。

(2)主蒸汽安全阀的功能

防止主蒸汽管道超压。无论在汽轮机脱扣或在其他任何危急情况下,主蒸汽系统的压力不会超过安全压力。在安全阀后的主蒸汽管道上还设有大气释放阀及压力控制机构。

(3)大气释放阀的功能

当旁路排放失效或排气量未达到设计值时可利用大气释放阀作为控制主蒸汽压力或

作为电站“冷停堆”的一种手段。在每条主蒸汽管道上装有压力测点。

2. 主蒸汽用户

(1)汽轮机用汽

由连通管两端引出管道分别经主气门、调节气门接到汽轮机的高压缸。

(2)蒸汽旁路排放

由连通管中间接出旁排总管,再至旁路排放母管,然后经旁排阀分别进入冷凝器旁排箱。

(3)二级再热蒸汽汽源

由连通管后两端各引出一根管道,分别经二级再热器控制站进入汽水分离再热器。

1.4.2 蒸汽排放系统

蒸汽排放系统是通过将主蒸汽直接排入冷凝器或同时排入冷凝器和大气的办法带走反应堆的热量。在汽轮机大幅度甩负荷后的瞬态过程中起缓冲调节作用,不使反应堆因超温或超压使保护系统动作而产生事故停堆。这样就能使核电站在甩去全部厂外负荷而带厂用电负荷的情况下继续运行,从而增加运行的灵活性,同时它还为核电站提供控制“冷停”的能力,所以核电站应设主蒸汽排放系统。

从主蒸汽母管上引出主蒸汽排放管与旁路排放母管相连接,四只液动的旁路排放阀分别由母管接出,分别经多级节流孔板后排至冷凝器旁路排放箱。在旁排箱内设喷水减温装置,减温水由凝升泵出口供给。

1. 系统功能

(1)当核电站甩去100%外界负荷时,不会引起反应堆停堆和主蒸汽安全阀动作。

(2)在汽轮机和反应堆均停止工作后,排除系统储存的能量和堆芯的剩余衰变热,使核电站达到无载的平衡状态而不会引起主蒸汽安全阀动作。

(3)维持核电站处于热备用状态。

(4)允许手动控制冷停堆过程,直至停堆冷却系统可以投入运行。

2. 旁排系统的控制

(1)稳压工况时反应堆功率跟踪汽轮机负荷,变化范围为5%额定功率,最大阶跃变化为10%额定功率,旁排系统不动作。

(2)正常运行时旁排系统根据一回路冷却剂进出口平均温度与调节级压力比较,按程度比例调节,动作时间(开启)为20 s。

(3)带厂用电负荷运行以及启、停堆时按主蒸汽压力控制方式启闭,快开时间小于3 s,关闭时间小于5 s。

1.4.3 抽气和疏水系统

1. 功能

(1)抽气系统(图1.13)功能

从汽轮机汽缸某级间抽出一部分蒸汽用来加热给水和除氧;减少排气热量损失;提高机组热循环效率。

(2)疏水系统(图1.14)功能

保证主蒸汽和通汽部分的疏水畅通,尽可能回收疏水的热量,提高经济性。

2. 系统流程

(1)抽气系统

本机组设置七段抽气,抽气从高压缸引出的蒸汽送至高压加热器,抽气从低压缸引出的蒸汽分别送到除氧器及低压加热器。

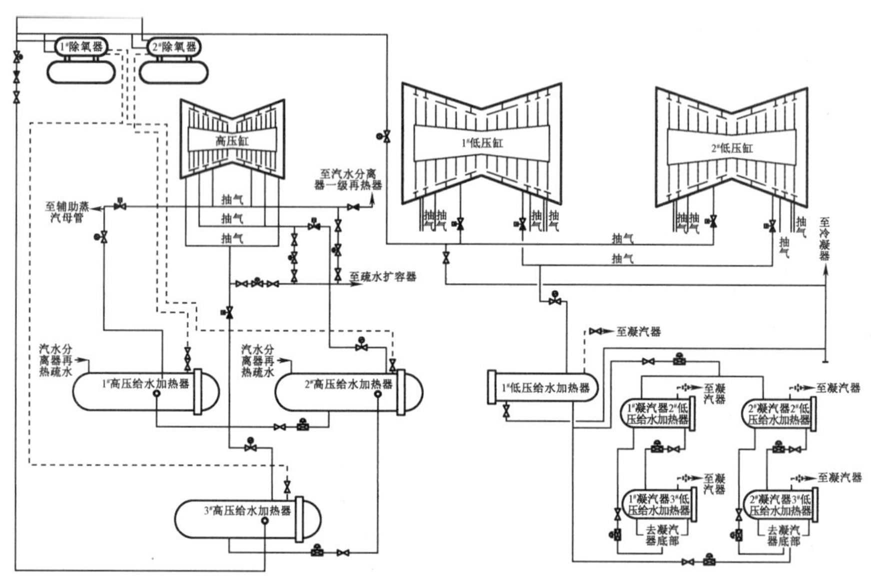

图 1.13　抽气系统

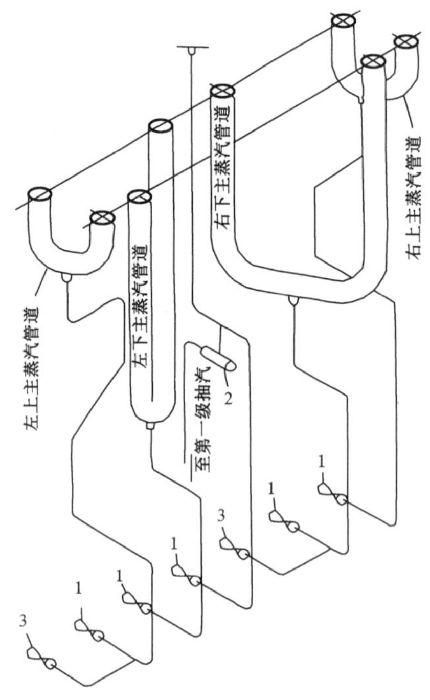

1—气动疏水阀;2—连续疏水节流孔;3—通风阀。

图 1.14　疏水系统示意图

(2)疏水系统

①主蒸汽管道疏水

主蒸汽系统各疏水点采用疏水袋的形式,每只疏水袋装有水位表及控制装置。主蒸汽隔离阀疏水排向大气,主蒸汽隔离阀开启后,疏水阀关闭。

②汽轮机通流部分疏水

采用级间去湿,其疏水经抽气管由蒸汽管带入加热器内。

③高压加热器(高加)疏水

采用逐级回流:1#高加疏水至2#高加,2#高加疏水至3#高加,3#高加疏水至除氧器。紧急情况可直接排入高压疏水扩容器。

④低压加热器(低加)疏水

采用逐级回流:1#低加疏水至2#低加,2#低加疏水至3#低加,3#低加疏水经U形管排入冷凝器。

⑤汽水分离再热器疏水

二级再热器疏水:正常至高加,紧急疏水至疏水扩容器;

一级再热器疏水:汽水分离器疏水正常至1#、2#除氧器。

1.4.4 辅助蒸汽系统

1. 系统功能

在反应堆启动前加热除氧给水,使含氧量符合蒸汽发生器的水质要求;正常运行和变工况时向除氧器提供可靠的汽源以及向厂区一些用户供热。

2. 系统流程

核电站启动前该系统的汽源为燃油辅助锅炉,向蒸汽母管提供0.8 MPa压力的饱和蒸汽。正常运行汽源为汽轮机高压缸一级抽气,经减压装置减压后再供用户使用。蒸汽经压力调节器后分别进入1#、2#号除氧器及给水箱,主给水箱管路称再沸腾管,启动加热时使用,正常运行中不投入。调节器设旁路,启动或调正失灵时使用。

1.4.5 凝结水系统(图1.15)

1. 系统功能

(1)凝结水在低压加热器中被汽轮机低压缸抽气加热,以提高机组的循环热效率。

(2)凝结水经除盐装置去除水中杂质,控制凝结水中可溶性固体的浓度。

(3)凝结水在冷凝器中真空除氧,去除氧气和其他不可凝结气体。

(4)为汽轮机低压排气口、主蒸汽旁路排放箱、高压疏水扩容器等设备提供减温水。

(5)为主给水泵提供密封水,为发电机水冷系统提供补充水。

2. 系统流程

配置三台立式凝结水泵,其中两台运行,一台备用。三台凝结水泵安装在厂房底层的凝结水泵坑内。三条管道从热井出口母管接出沿管沟进入凝结水泵坑,与凝结水泵入口相连接。每台凝结水泵入口装有锥形滤网,以防止冷凝器内脏物进入泵内。网前装截止阀便于检修水泵和消除滤网。凝结水泵出口凝结水经管道送至化容系统进行全流量除盐处理；在凝结水泵出口母管上还接有放射性处理水管。当蒸汽发生器传热管破裂使凝结水放射性水平超过规定时，凝结水由废水处理水泵送至一回路净化装置进行处理。每台凝水泵出口设有再循环管直接回流至冷凝器。当凝结水流量≤30%额定流量时再循环阀开启，>31%额定流量时再循环阀关闭。设置凝结水泵再循环的目的是防止凝结水在低流量时汽化。在凝水泵出口母管上装设一条事故排水管，当热井出现“HHH”水位时，将凝结水的一部分打至化学缓冲水箱。

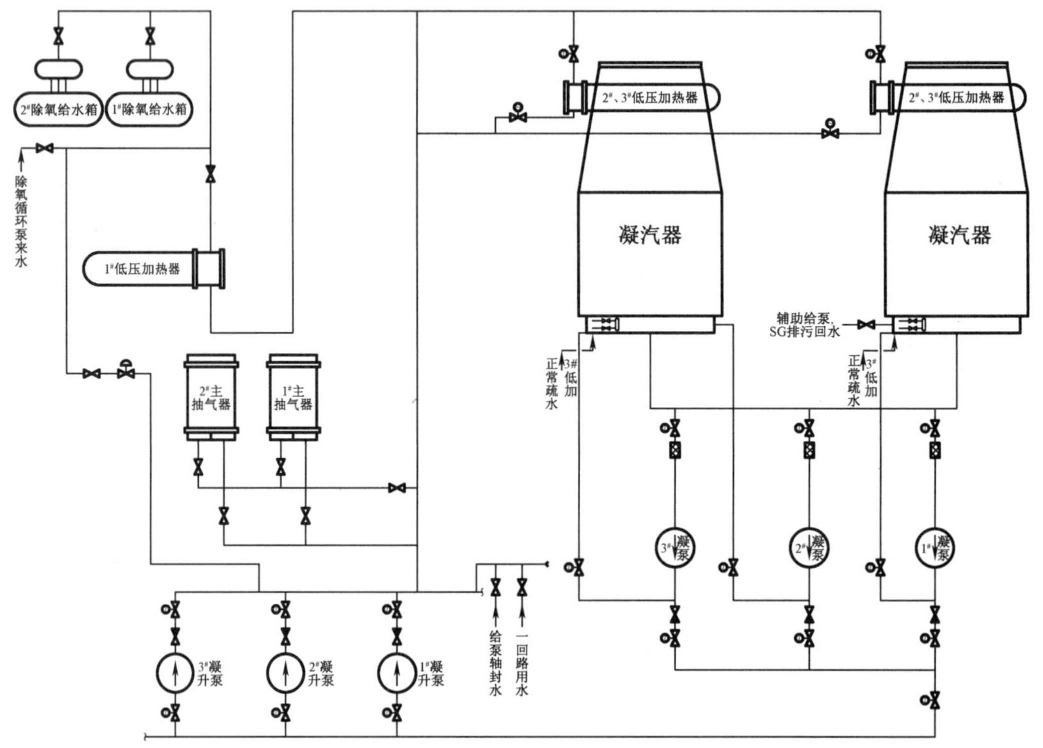

图 1.15　凝结水系统

从化学除盐装置出来的凝结水由三台卧式凝结水升压泵升压后送入凝结水母管，大部分凝结水进入除氧器。还有以下由母管引出的管道供水：

(1) 低压缸喷淋水，冷凝器水幕保护，旁排箱和疏水扩容器减温水以及真空密封水箱用水，上述用户由母管缩口后经凝结水管供水。

(2) 主给水泵轴封用水，用供水管供水。

(3) 一根凝结水管供给发电机定子和转子冷却水系统补水。

(4) 一回路用凝结水水管输送。

(5) 留出备用接管。

在轴封加热后的凝结水母管上布置一条再循环管，并用电动阀控制。当凝结水流量小于30%额定流量时自动打开,大于31%额定流量时关闭。阀门后装多级节流孔板以起减压作用。设置母管再循环的目的是防止主抽气器、轴封加热器和凝升泵内的凝结水汽化。这三台设备均有最小保护流量,三者取其最大值确定再循环动作的整定值。以轴封加热器内的凝结水汽化最小保护流量为最大值,此数值相当于冷凝器额定进气量的30%。

凝结水系统所流经的热交换器,除轴封加热器外均设旁路装置,并由电动旁路阀控制以便运行中单独检修2#、3#低压加热器。运行中不许拆管板,以免破坏冷凝器真空。各加热器旁路装置还受加热器"高-高"水位控制。2#、3#低压加热器还受凝结水流速控制,当2#、3#低加水侧流速大于规定值时,即打开旁路阀以防冲蚀管束和增加系统阻力。凝结水母管还设有一条旁路,作事故紧急情况使用,此管由凝结水大旁路阀自动控制,作用是将凝升泵出口凝结水直接排向除氧器,正常运行中应关闭。凝结水母管水位调整阀受热水井水位控制,热井水位高开大,水位低关小,以保持冷凝器水位维持正常值。

凝结水泵和凝升泵为两级串联布置。在运行中要防止凝升泵抽空汽化。

3. 凝结水系统控制简述

冷凝器热井水位和除氧给水箱水位协调控制,若两者不匹配或控制动作失灵,都会造成给水箱危急水位或冷凝器满水、真空降低。在调试中作为二回路调试项目之一,需进行合理整定。

冷凝器设水位自动调节装置,只满足稳态工况运行。在突变的瞬态工况下主要依靠控制系统动作。

当热井水位出现"高-高-高"信号时,开启凝结水大旁路,使部分凝结水直接送至除氧器以减少阻力,增加流量。开排水阀将凝结水直接排入化学缓冲水箱以减轻热井的负担。

当热井出现"低-低"水位信号时,关小除氧器的水位调节阀。

1#、2#、3#低压加热器水位出现"高-高"信号时,说明凝结水U形管泄漏或调正器失灵,均采用自动切断水侧阀门(走旁路),以防满水造成抽气管振动和汽轮机水击。

两台冷凝器为并列运行。汽水两侧均有连通管,以保持压力和水位平衡。两只热井的出水都引至热井出口母管上,三台凝结水泵从共用的母管取水。

冷凝器水位采用单冲量调节系统。水位信号取自两台热水井水位的平均值。正常工况时水位信号与调节器内的给定值进行比较。调节器根据比较后的偏差进行PI调节,调节凝结水调节阀。水位低时关小调节阀,水位高时开大调节阀,从而保持热井水位稳定。

当两台冷凝器水位差值较大时,由差值检测器发出信号。连锁切除均值器信号,以高值选择器的输出信号作为水位信号。

水位瞬态变化,控制系统动作。当出现热井水位"高-高-高"信号时全开调节阀再开启旁路阀,联动备用凝结水,增加向除氧器的送水量。同时打开排水阀,使水位下降。当热井水位出现"低-低"信号时冷凝器水位调节只能关小至除氧器的供水阀,待除氧器水箱水位低时再开启冷凝器补水阀。当除氧给水箱水位出现"低-低"信号时再启动化学补水泵向冷凝器补水。

因此,冷凝器水位调节必须和除氧器水位调节相匹配。

4. 运行

(1)系统投入运行

①冷凝器热井冲水至正常液位。

②启动第一台凝结水泵,正常后,开出口阀。

③启动第一台凝升泵,凝结水通过电动控制阀自循环。

④如水质不合格,可进行冲排水,直至水质合格。

⑤1#、2#、3#低压加热器随汽轮机启动。

⑥当汽轮机负荷升至40%额定负荷时,启动第二台凝结水泵和凝升泵投入自动备用。

⑦正常运行时,至除氧器的供水阀及冷凝器补水调节阀应投入自动。

⑧当汽轮机高负荷运行时,适当开大主抽气器旁路阀。

(2)异常运行

①当运行中发生低压加热器壳侧因疏水不当或加热器爆管而出现"高-高"液位信号时,加热器停用,凝结水走旁路。当2#、3#低压加热器的一侧发生故障时,可通过旁路管排走50%凝结水流量;当2#、3#低压加热器双侧同时故障时,凝结水全通过旁路管排走。

②当一台主抽气器冷却器故障时,开大抽气器凝结水旁路阀,以隔离故障主抽气器。

1.4.6 主给水系统

1. 系统功能

(1)将除氧器中的合格除氧给水升压后输送至蒸汽发生器。

(2)控制蒸汽发生器水位,使水位维持在给定范围内,以适应机组稳态和瞬态运行。

(3)主给水在高压加热器中被汽轮机高压缸抽气加热,以提高机组的热循环效率。

2. 系统流程

从两台除氧器给水箱流出的除氧给水,分别由两台电动给水泵吸入;另有一台电动给水泵从两台除氧水箱的下水口吸入,经主给水泵升压后的给水依次流经3#、2#、1#高压加热器。在流动过程中,给水加热器分别由汽轮机三、二、一级抽气加热,从最后一级高压给水加热器流出的给水温度已升到221.5 ℃。高压加热器出口母管上接出两根主给水管。主给水经两根主给水管进入两台蒸汽发生器。每根主给水管设有在应急工况下5 s内关闭的一只气动控制阀和旁路阀,一只给水流量测量装置,一只能在20 s内全关的核Ⅱ级电动隔离阀,一只核Ⅲ级旋启式止回阀和安全壳给水贯穿件。在止回阀与贯穿件之间的主给水管道上接入辅助给水。

每台给水泵入口管装有一只电动隔离阀和Y形管式滤网。出口管线上装有一只自动止回阀(含有自动再循环阀)、一只电动隔离阀。三台给水泵在出口侧设有汇流母管,与高压加热器出口侧给水管接通。各泵出口设有一根再循环管,管线上装有一只电动阀,此阀在泵出口流量≤25%额定流量时开,>25%额定流量时关。

三台高压加热器水侧都有旁路管线,该管线上装有一只电动隔离阀,供该加热器事故时旁通给水之用。其进、出口给水管各装一只电动隔离阀供高压加热器事故或检修时隔离之用。各高压加热器水侧均有一根从给水泵出口母管引出的注水管，供高压加热器检修恢复之用。从最后一级高压加热器出口给水管引出一路接冷凝器的循环清洗管道，用于启动前循环清洗。按 20%额定给水量设计的给水旁路管线作为电站启动和低负荷控制给水流量。

本系统高压加热器疏水逐级疏至下一级，即 1#高加疏水至 2#高加，2#高加至 3#高加，3#高加至除氧器。两级高压加热器之间疏水管上装有一只气动调节阀，此阀由高压加热器水位自动控制。每只高压加热器的事故疏水疏至高压扩容器，在每条事故疏水管上装有一只气动阀。

给水系统中配置三台 50%额定给水量的电动定速给水泵。电动给水泵由前置泵、电动机、增速箱和主给水泵组成。每台电动给水泵配有单独的润滑系统。前置泵为单级双吸离心泵，作用是将其吸入的低压给水升压输送至主给水泵，为主给水泵提供足够的净正吸入压头。由于前置泵的所需净正吸入压头较低（$\leqslant 4.3\ mH_2O$），可降低除氧器的安装高度。主给水泵是单级双吸离心泵，其特性曲线考虑了主蒸汽安全阀动作时仍能向蒸汽发生器供水的条件。电动机由空气冷却，冷却空气的冷却水为除盐水。给水泵的暖泵水引自主给水泵出口给水母管，接到主泵泵体。密封水是从凝升泵出口管引出的凝结水。

系统中设置了三级高压给水加热管，每台高压给水加热器按 100%给水量设计。三台加热器均为表面式热交换器，加热蒸汽流入其壳侧，给水流经其管侧。给水流经加热器时，被加热蒸汽（汽轮机抽气）加热，水温升高，而加热蒸汽放热后形成疏水，积存于加热器疏水区。高压给水加热器壳侧和管侧均装有安全阀，加热器的壳侧设有连续运行和启动放气接口，加热器还设有化学清洗、疏水和仪表接口。

3. 参数整定和连锁

（1）高压加热器

①1#高压加热器水位

- “高”：开紧急疏水阀；
- “高-高”：开关相关疏水阀，关Ⅰ段抽气逆止阀和电动阀，关Ⅱ级再热器正常疏水阀。

②2#号高压加热器水位

- “高”：开紧急疏水阀；
- “高-高”：开关相关疏水阀，关 2#抽气逆止阀和电动阀，关 1#高加正常疏水阀，关Ⅰ级再热器正常疏水阀。

③3#高压加热器水位

- “高”：开紧急疏水阀；
- “高-高”：开关相关疏水阀。

（2）主给水泵润滑油

- “低”：当油压低于规定值时自启动辅助油泵；
- “低-低”：当油压低于规定值时切除主给水泵；
- “高”：当油压高于规定值时停辅助油泵。

4. 设备参数

(1)高压加热器

高压加热器工作参数见表 1.1。

表 1.1　高压加热器工作参数

项目	单位	1#高加	2#高加	3#高加
进气流量	t/h	96.46	137.42	118.71
给水流量	t/h	2 015	2 015	2 015

5. 运行

利用除氧循环泵向主给水管道冲水放气,此泵可以对主给水管道进行循环冲洗。

(1)给水泵启动

①开泵入口阀及泵壳放水阀,进行暖管,使除氧器给水与泵壳温差小于 70 ℃。

②启动辅助油泵,油压为 0.1 MPa。

③通入密封水,密封水压 0.8~1.0 MPa。

④启动主给水泵。

⑤开启暖阀对主给水管冲压,然后开泵出口阀。

低负荷时用主给水旁路阀控制蒸汽发生器液位,当蒸汽流量达到 20%额定流量时切至主调节阀,两阀之间切换可以手动进行,也可以自动进行。当光字牌"主调节阀自动"灯亮时,同时按下两阀自动按钮,此时,主调节阀自动开、旁路调节阀自动关,自动切换过程中保持给水流量不变。

汽轮机负荷升至 20%额定功率时,依次投入 3#、2#、1#高压加热器,应注意高加管侧升温速率小于 120 ℃/h。低负荷时 3#高加疏水疏至冷凝器;汽轮机负荷升至 70%额定功率左右时,3#高加才能有足够压力疏水至除氧器。

(2)异常运行

运行中,当一泵跳闸时,自动备用泵应接到出口母管,由压力低信号指令而自动启动。

当一台高压加热器因疏水不畅或管束破裂时,会引起对应高加液位升高,当高加液位出现"高"信号时,紧急疏水阀自动开;当高加液位出现"高-高"信号时,自动打开其旁路阀,并关闭其进出口隔离阀、抽气逆止阀,高加从系统解列。

主给水系统如图 1.16 所示。

1.4.7　循环水系统

1. 系统功能和流程

本系统设有五台循环水泵,其水源为海水,供两台冷凝器和二回路其他设备冷却用水。循环水泵入口共设三台旋转滤网,以去除海水中的杂物。每台泵出口有两台电动蝶阀,其中一台蝶阀与泵连锁,随泵的启、停而开、关。

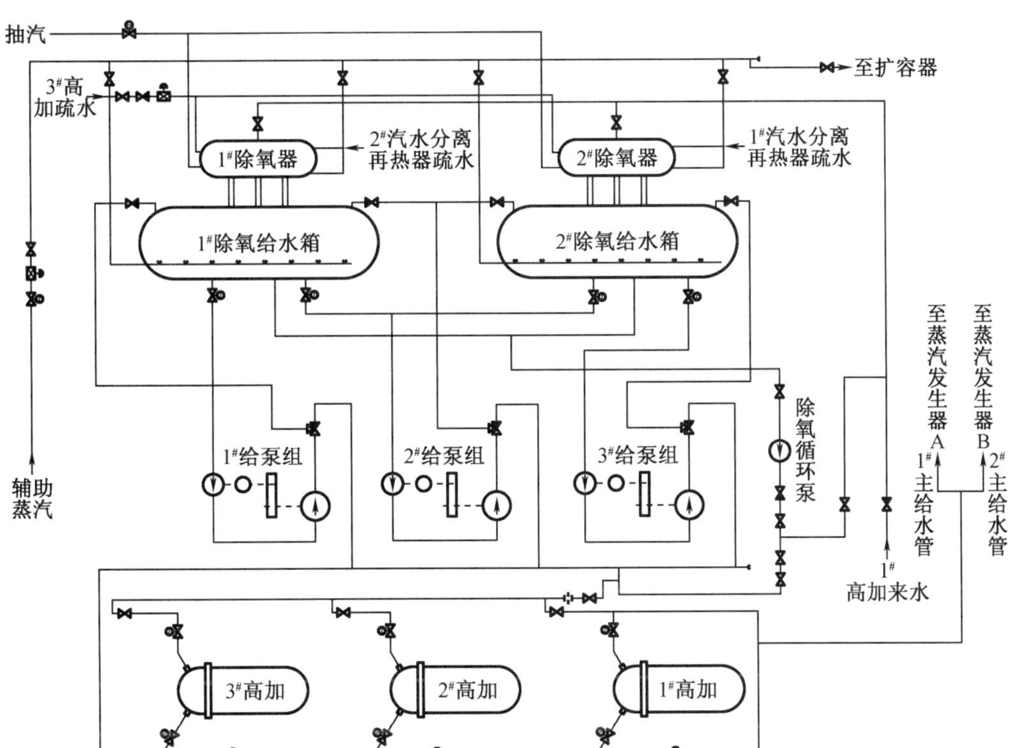

图 1.16　主给水系统

泵出口接两根循环水母管，1#、2#、3#高压加热器与B母管相连。4#、5#高压加热器与A母管相连。A、B母管有一连通管并装有电动阀，正常运行时该阀处于开启状态，当其中一根母管破裂时关闭。

两台冷凝器的A、B两侧分别从两根A、B母管吸水，又经两根回水母管排入大海。每台冷凝器分A、B两侧，运行中可实施半侧解列。

当汽机负荷或海水温度变化时，要求循环水量也变化，可用开、停循环水泵的台数来适应水量的变化。循环水母管压力由冷凝器出口蝶阀控制，正常运行时维持在0.08～0.12 MPa。

正常运行时，四台泵运行，一台泵备用；冬季工况，三台泵运行即可。

2. 主要设备

循环水泵为立式混合泵。

3. 运行

(1)开冷凝器循环水进口阀。

(2)开冷凝器放气阀。

(3)冷凝器循环水出口蝶阀处于节流位置。

(4)启动循环水泵。

(5)当冷凝器放气阀有水冒出后，关闭放气阀。

(6)调节出口蝶阀，控制循环水母管压力保持在规定范围内。

循环水系统如图1.17所示。

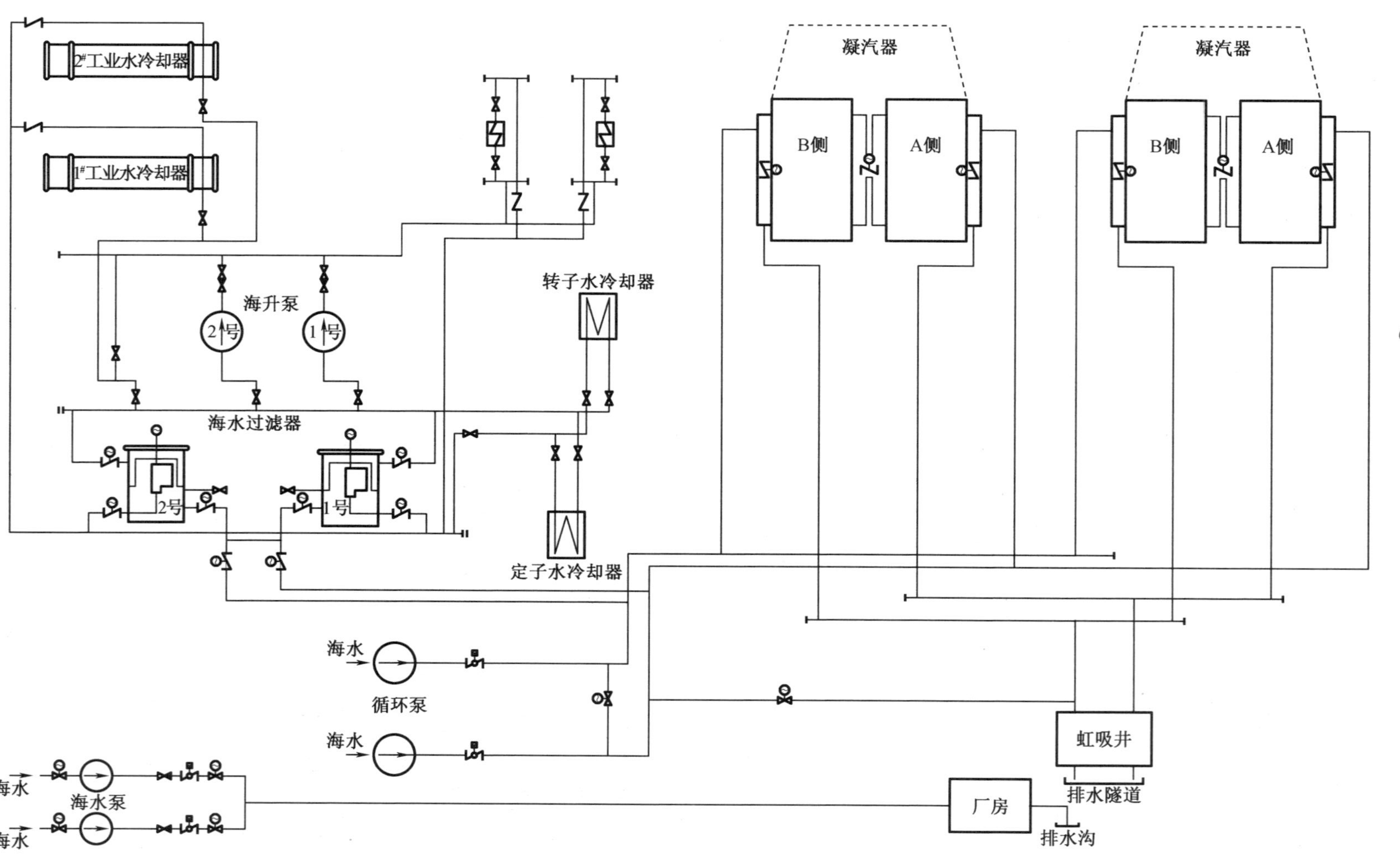
2#工业水冷却器
1#工业水冷却器
凝汽器
B侧
A侧
凝汽器
B侧
A侧
海升泵
2号
1号
转子水冷却器
海水过滤器
2号
1号
定子水冷却器
海水
循环泵
海水
虹吸井
排水隧道
海水
海水泵
海水
厂房
排水沟

图 1.17 循环水系统

第2章　核电站运行原理

2.1　反应堆运行物理

2.1.1　反应堆堆芯布置

1. 组件布置

核电站第一燃料循环堆芯为多区布置。堆芯燃料组件有三种富集度的铀-235，富集度高的燃料组件放在堆芯外围，内部区域为棋盘式布置以展平径向功率分布。

2. 可燃毒物棒布置

第一循环装的全是新料，比其他循环剩余反应性高。为了降低第一燃料循环寿期初(BOL)临界浓度，以提供负的慢化剂温度系数，通常采用固体可燃毒物棒来吸收堆芯剩余反应性。可燃毒物棒为硼硅玻璃，装在不锈钢包壳中，插在燃料组件内。

3. 控制棒布置

控制棒组分为停堆棒组和调节棒组两类。停堆棒组为A1、A2棒组，调节棒组为T1、T2、T3、T4棒组。控制棒结构原理和驱动机构如图2.1和图2.2所示，控制棒组在堆芯的布置如图2.3所示。控制棒插在燃料组件的导向管中。

4. 中子源布置

为了在启动时满足最低要求的中子计数率，必须在堆芯装入中子源，中子源分为两类：①初级源，用于首次启动及寿期初运行；②次级源，用于堆运行启动，它在堆运行后被激活。初级源是钋-铍源，次级源是锑-铍源。

5. 堆内外核测仪表布置

堆内仪表系统由燃料组件出口处热电偶及堆内可移动探测器组成。热电偶监视冷却剂温度分布，以证实堆芯运行在热工限值以内，而定期的堆芯中子通量测量提供更详细的三维堆芯通量分布。

2.1.2　反应性系数

反应堆堆芯的动力学特性决定堆芯对改变核电站状态或操纵员在正常运行中进行调节时的响应，以及在异常或事故瞬变过程中堆芯的响应。这些动力学特性以反应性系数作为量的表示。这些反应性系数的大小反映了电站的运行状态，例如功率、慢化剂或燃料温度和可溶硼浓度的变化所对应的反应性系数就与电站运行状态有关。此外，这些反应性系数和与它们对应的反应性效应(反应性亏损)决定电站对控制棒的要求。

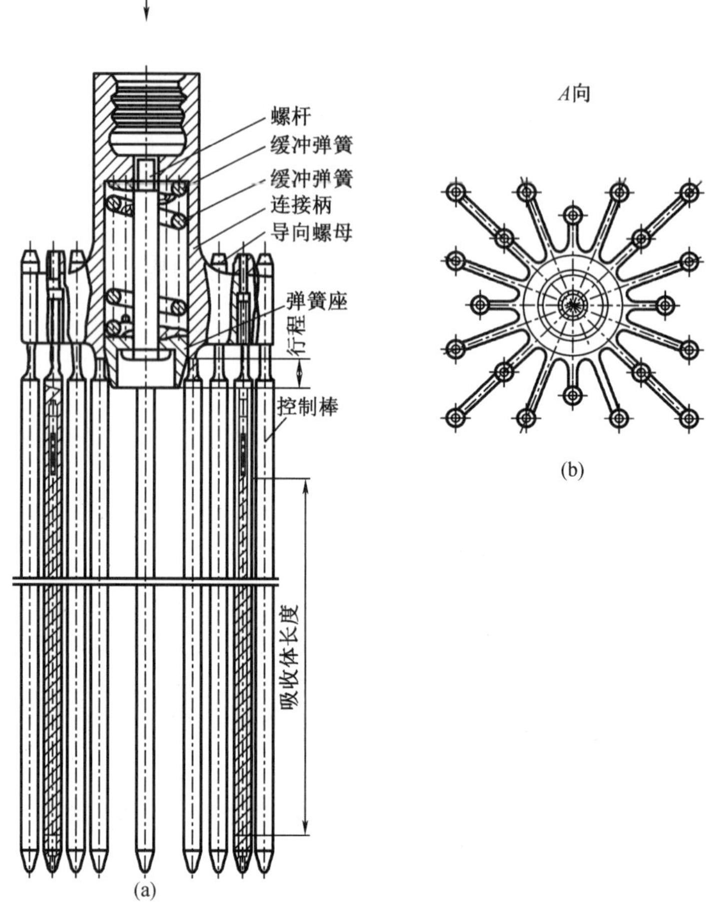

图 2.1　控制棒结构

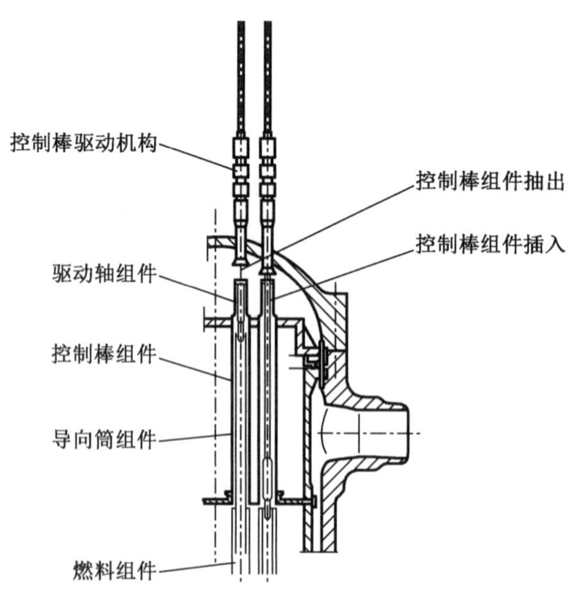

图 2.2　控制棒驱动机构

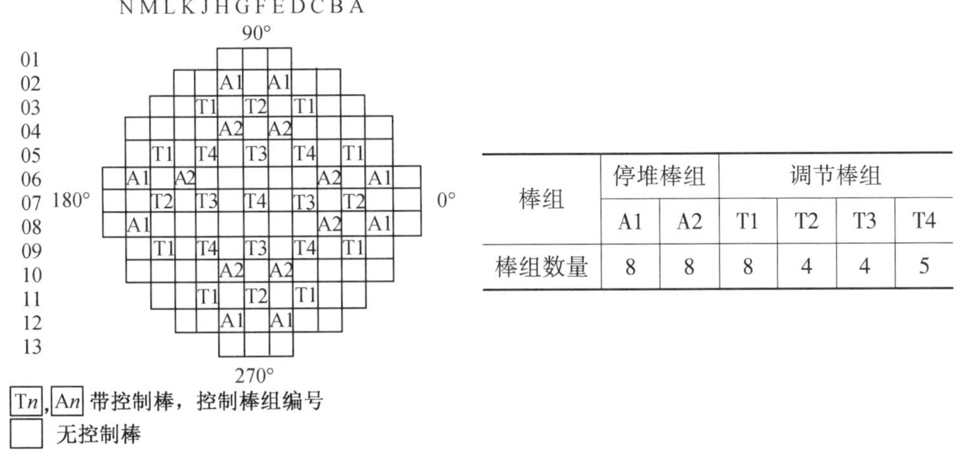

棒组	停堆棒组		调节棒组			
	A1	A2	T1	T2	T3	T4
棒组数量	8	8	8	4	4	5

图 2.3 控制棒组在堆芯的布置图

反应性系数定义为反应性的变化除以反应堆某一运行参数的变化。对反应堆具有重要意义的一些反应性系数如下。

1. 温度系数和功率系数

反应堆在启动过程中,堆芯温度从冷态温度向热态温度过渡;运行工况改变时,堆芯温度也发生变化。温度的变化将引入一个不等于零的反应性 ρ,因而系统的有效增殖系数 K_{eff} 将改变。在确定核反应堆的运行特性和安全问题中,反应堆重要的性能是它的反应性温度系数。

(1)燃料温度系数(多普勒温度系数)

燃料有效温度变化时引起的反应性变化称为燃料温度系数,它是反应性随燃料有效温度变化的速度,用符号 $d\rho/dT$ 或 α_f 表示,并以 pcm/℃度量。

燃料温度增高时,铀-238 吸收中子的共振峰变低和展宽,这个效应叫作多普勒效应。共振峰的降低意味着共振能量的中子被吸收的概率减小,它们在被吸收之前进一步穿入燃料。应注意到,虽然中子更远地穿入燃料芯块,但仍有足够的铀-238 吸收所有共振能量的中子。能量比共振能量稍高和稍低的中子现在有较大的概率被燃料吸收。因此温度较高时所有的共振中子都会被吸收,并有更多的共振能量之上、之下的中子被吸收。这些低能量中子不会使铀-238 裂变,所以温度增加时有更多的中子从裂变链中损失掉,从而引起负的反应性。

堆芯的有效燃料温度是根据燃料局部温度对共振逃脱因子进行加权平均后得到的结果。因为高通量区对堆芯共振逃脱概率有较大影响,而且这些区域也是温度较高的区域,所以堆芯的有效燃料温度比堆芯的平均燃料温度高。堆芯的有效燃料温度直接与反应堆运行的功率水平有关。

反应堆的热量主要是在燃料中产生的。当功率升高时,燃料的温度立即升高,燃料的温度效应就立刻表现出来。所以燃料温度系数属于瞬发温度系数。它对功率的变化响应很快,是反应堆安全性的重要表征参数。

(2)单一燃料功率系数和单一燃料功率亏损

单一燃料功率系数定义为功率变化为满功率的 1%时燃料温度变化引起的反应性改变量,它是功率函数的燃料温度变化和燃料温度系数的乘积,用符号 $d\rho/dp$ 表示,并以 pcm/%

作为满功率度量。

$$\underset{\text{单一燃料功率系数}}{\frac{d\rho}{dp}} = \underset{\text{燃料温度系数}}{\frac{d\rho}{dT}} \times \underset{\text{燃料温度随反应堆功率的变化}}{\frac{dT}{dp}}$$

单一燃料功率系数是反应堆功率的函数，它总是负的，幅度随功率水平和燃料温度的增加而减少。

单一燃料功率亏损，就是随反应堆功率的增加，由燃料温度效应加到堆芯的净负反应性，它是燃料功率系数的积分。

(3)慢化剂温度系数

慢化剂温度系数 α_m 定义为慢化剂平均温度每改变 1 ℃引起的反应性变化量。压水堆在运行时慢化剂温度系数应为负值，为此压水堆运行在欠慢化区。在欠慢化区，慢化剂的慢化能力比慢化剂中毒效应更重要。随着慢化剂温度增加，共振逃脱概率的减小大于热中子利用系数的增加。因此在欠慢化区 α_m 是负的。

数学上慢化剂温度系数 α_m 可以表示为

$$\alpha_m = \frac{1}{f} \cdot \frac{df}{dT} + \frac{1}{p} \cdot \frac{dp}{dT} - B^2\left(\frac{dL^2 f}{dT} + \frac{dL^2 tr}{dT}\right)$$

其中，$\frac{df}{dT}$为正；$\frac{dp}{dT}$为负，f 为热中子利用因子；p 为逃脱共振吸收概率；L^2 为扩散面积；B^2 为曲率。

(4)空泡系数

空泡系数描述堆芯内形成空泡(沸腾)引起的反应性变化。燃料棒包壳表面比体积的冷却剂热，它的温度可能超过冷却剂的饱和温度。小的气泡在包壳表面形成，被冲走并被较冷的大容积的冷却剂所破灭，该过程叫作次冷泡核沸腾。气泡减小了冷却剂的密度，因此慢化剂的慢化能力下降，共振吸收和中子泄漏概率增大。慢化剂空泡系数定义为慢化剂空泡含量每变化 1%所带来的反应性变化，用 pcm/%空泡表示。慢化剂空泡系数为负反应性效应。不过，对压水堆，空泡对反应性的影响不太重要，因为慢化剂中空泡含量低，一般堆芯的空泡含量总小于 0.5%。

(5)总功率系数和总功率亏损

压水堆要设计为当功率增加时添加负的反应性，这样通过对功率增加速率的限制为系统增加安全度。随着反应堆功率的增加，燃料温度增加，因多普勒温度系数添加负反应性；当慢化剂温度上升时，负的慢化剂温度系数向堆芯添加负反应性；堆芯中泡核沸腾产生的空泡也添加负反应性。所有这些固有的反应性效应都势必减小堆的功率，防止不可控制的运行工况偏离。

在控制反应堆功率从热态零功率提升到 100%功率的过程中，这些效应都会产生。负反应性添加叫作功率系数(pcm/%功率)，添加的总反应性为功率亏损(pcm)。

总功率系数是单一的多普勒，为单一的慢化剂和单一的空泡功率系数之和，即

$$\text{总功率亏损} = \text{总功率系数} \times \text{功率变化}$$

2. 再分布效应

功率亏损由多普勒亏损、慢化剂亏损和空泡亏损组成，这三种亏损的值是根据假定对

称的轴向中子通量分布计算得到的。但是实际情况是轴向通量分布不总是对称的。某些反应性效应是和通量、燃耗的空间分布联系在一起的，我们把这种三维反应性效应称作再分布效应。

由于作为冷却剂和慢化剂的水是从下而上流过堆芯的，因此，在堆芯轴向自下而上，水温逐渐升高，密度逐渐减小。而在停堆时水密度在轴向是均匀的，水铀比(H_2O/U)与K_{eff}的关系如图2.4所示。

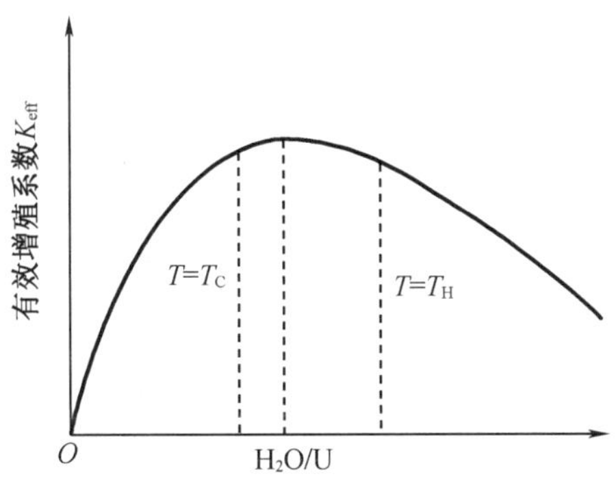

图2.4 水密度随温度变化曲线

随着水温从T_C增加到T_H，水膨胀比(H_2O/U)下降。因为即使在T_C时堆芯也是欠慢化的，H_2O/U沿轴向下降引起K_{eff}沿轴向下降。堆芯顶部增加的负反应性降低了这个区域的通量，并将通量峰推向底部。另外功率运行通常要求控制棒插入一部分，这也把通量峰推向底部。所以在寿期初(BOL)反应堆在有功率运行时通量峰在堆芯下半部，在寿期末(EOL)，由于堆上半部分燃料燃耗较低，所以在堆上部形成另一个通量峰。但是更负的慢化剂温度系数，在堆顶产生比寿期初较多的负反应性，总的效应是寿期末满功率运行时功率分布相当平坦。

堆芯下半部的通量峰在堆芯下半部产生较高的氙-135浓度。从满功率停堆以后，这种高浓度氙使停堆轴向通量峰向堆芯顶部移动。停堆后控制棒全部插入，有均匀轴向效应。所以停堆时，通量峰趋向中央或顶部。在寿期末，由于下半部燃耗比上半部燃耗深，这种偏移更大。

从以上分析可以看到，水密度、燃耗和中子通量在寿期初、寿期末受各种因素的影响，差别很大。

总功率亏损曲线包含典型的再分布效应。再分布的价值是用最大的通量偏移进行计算的。最大的通量偏移是基于最坏的控制棒位置、最坏的氙分布情况和最坏的燃料燃耗情况。影响再分布的主要因素在寿期初是慢化剂反应性亏损，在寿期末是不均匀的燃耗。

3. 硼的微分价值和积分价值

正常运行时，控制棒位置接近堆芯顶部。功率过渡、燃耗和裂变产物中毒造成的反应性变化是通过改变化学补偿剂浓度来补偿的。化学补偿还用来保证停堆和换料期间的合适停堆裕度。总之，用化学补偿剂来补偿那些缓慢变化的反应性变化。在反应性控制中，化学补偿剂所占的比例最大。

化学补偿剂溶解在一回路冷却剂内，所以整个堆芯的反应性效应比较均匀，相比只用控制棒控制,反应堆可以在较为平坦的轴向通量分布和功率分布下运行。这提高了堆芯的平均功率密度,从而在堆芯任何区域都不接近设计的热限值的情况下提高堆芯的功率输出。均匀的功率分布还产生均匀的燃耗以得到最佳的燃料利用率。

硼酸(H_3BO_3)中的硼被用作化学补偿剂。硼酸的化学性质使它能在压水堆严苛的环境中使用。硼酸是一种弱酸,在水中不易分解,这意味着它对反应堆冷却剂系统的酸碱度值影响极小,因此不影响一回路反应堆冷却剂系统的腐蚀速率。硼酸在化学上不是很活泼,它不易燃烧、爆炸或变成毒剂,因此在电站使用是安全的。

硼酸的溶解度随慢化剂温度的增加而增加,如图 2.5 所示。

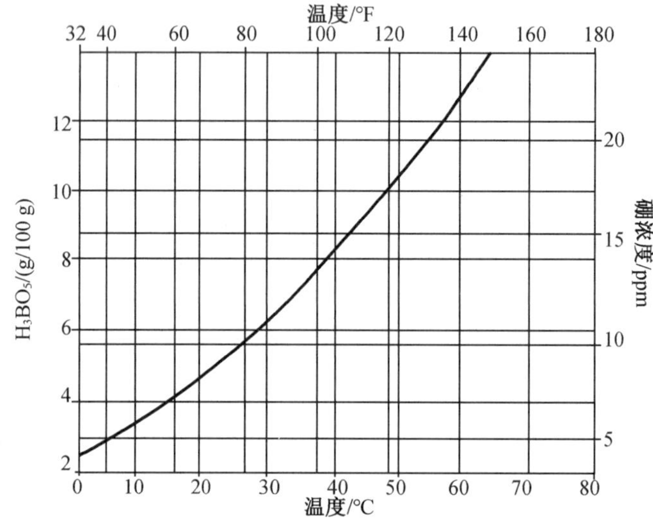

图 2.5 硼酸溶解度随慢化剂温度变化

硼在质量上占硼酸的 17.7%。天然硼是由 80.2%的^{11}B 和 19.8%的^{10}B 组成。^{11}B 的吸收截面很小,而^{10}B 吸收截面为 3 878 b,这使天然硼的有效吸收截面约为 760 b(0.198×3 878 b=760 b,1b=10^{-28} m^2)。

^{10}B 是 1/V 吸收体,而对热能以上的中子没有大的吸收概率。在吸收热中子后受激的硼原子在典型情况下衰变到^7Li 并放出 1 个 α 粒子。

$$^{10}_{5}B+^{1}_{0}n \longrightarrow ^{11}_{5}B \longrightarrow ^{7}_{3}Li+^{4}_{2}\alpha$$

在有些情况下^{10}B 衰变为 2 个 α 粒子和一个氚原子。用 ppm 表示的硼浓度 C_B 定义为

$$C_B(\text{ppm})=\frac{\text{硼的质量}}{\text{溶液的质量}}\times 10^6$$

(1)硼的微分价值(DBW)

硼的微分价值是硼浓度的单位变化与添加的反应性的比:

$$\text{DBW}=\frac{\Delta\rho}{\Delta C_B}\left(\frac{\text{pcm}}{\text{ppm}}\right)$$

硼的微分价值总是负的,其幅位随硼浓度、堆芯寿命和慢化剂温度的增加而减小。

硼的微分价值的幅值之所以随慢化剂温度的增加而减小是由于水密度随温度的增加而减小。由于浓度是基于硼质量对水质量的比,密度减少意味着在高温时堆芯中的水质量

较少。在相同的硼浓度下,在高温时堆芯中的硼质量也较少,因此,单位硼浓度改变所对应的堆芯中硼质量改变也较少,所引起的反应性改变也小。

硼的微分价值的幅值之所以随硼浓度的增加而减小是由于中子能谱的硬化。

随着硼浓度 C_B 增加,谱硬化的程度也增大。由于对较高能量的中子硼的吸收截面减小,硼的有效吸收截面随浓度的增加而减小,因此,硼的微分价值随硼浓度的增加而减小。

硼浓度和裂变产物对硼微分价值的影响也可以用竞争的概念来描述。随着堆芯内毒物原子浓度的增加,热中子被某一个毒物原子吸收的概率减小,所以每个毒物原子的反应性效应变小。毒物浓度愈高吸收中子的“竞争”愈大。每个硼原子的价值随硼浓度和堆芯寿期的增加而减小,所以硼微分价值减小。

(2)硼的积分价值

硼的积分价值是堆芯冷却剂中一定浓度的硼所补偿的反应性。和硼的微分价值一样,硼的积分价值也是堆芯平均温度的函数。

4. 氙中毒和碘坑

铀-235 裂变产生很宽的裂变碎片谱(约 200 种核素)。氙-135 是最重要的裂变产物,因为它的热中子吸收截面很大,为 2.7×10^6 b,且有较大的产额。

氙有两个来源:一个是直接由裂变生成,产额为 0.2%;另一个是由 ^{135}I 衰变产生。实际衰变过程如下:

$$\text{裂变}\rightarrow {}^{135}\text{Sb}\xrightarrow[T_{1/2}=1.82\ \text{s}]{\beta^-}{}^{135}\text{Te}\xrightarrow[T_{1/2}=19.2\ \text{s}]{\beta^-}{}^{135}\text{I}$$

$$\xrightarrow[T_{1/2}=6.6\ \text{h}]{\beta^-}{}^{135}\text{Xe}\xrightarrow[T_{1/2}=9.1\ \text{h}]{\beta^-}{}^{135}\text{Cs}\xrightarrow[T_{1/2}=2.6\times10^6\ \text{a}]{\beta^-}\text{Ba(稳定)}$$

^{135}Sb 的裂变碎片占总产额的 6.3%。由于 ^{135}Sb 和 ^{135}Te 的半衰期都很短,在计算中可以认为 ^{135}I 是由裂变直接生成的。

氙可以由吸收中子或经放射性衰变为铯而从堆芯消失。

^{135}Xe 和 ^{135}I 的平衡方程分别为

$$\frac{\mathrm{d}N_{\mathrm{Xe}}}{\mathrm{d}t}=(\gamma\mathrm{Xe}\sum\nolimits_{\mathrm{f}}\phi+\lambda_{\mathrm{I}}N_{\mathrm{I}})-(\gamma_{\mathrm{Xe}}N_{\mathrm{Xe}}+\sigma_{a(\mathrm{Xe})}N_{\mathrm{Xe}}\phi)$$

$$\frac{\mathrm{d}N_{\mathrm{I}}}{\mathrm{d}t}=\gamma\mathrm{I}\sum\nolimits_{\mathrm{f}}\phi-\lambda_{\mathrm{I}}N_{\mathrm{I}}$$

式中,N、γ、λ 分别表示浓度、产额和衰变常数。

毒性 ψ,把中子被毒物吸收的概率和被燃料吸收的概率联系起来,数学上表示为

$$\psi=\sum\nolimits_{\mathrm{a}}^{\mathrm{P}}/\sum\nolimits_{\mathrm{a}}^{\mathrm{U}}$$

式中 $\sum_{\mathrm{a}}^{\mathrm{P}}$——毒物的宏观吸收截面;

$\sum_{\mathrm{a}}^{\mathrm{U}}$——燃料的宏观吸收截面。

热中子利用系数把毒性和反应性联系起来。

无毒物时:

$$f=\frac{\sum_{\mathrm{a}}^{\mathrm{U}}}{\sum_{\mathrm{a}}^{\mathrm{U}}+\sum_{\mathrm{a}}^{\mathrm{m}}+\sum_{\mathrm{a}}^{\mathrm{s}}}$$

有毒物时：

$$f' = \frac{\sum_a^U}{\sum_a^U + \sum_a^m + \sum_a^s + \sum_a^P}$$

式中 $\sum_a^m$——慢化剂的宏观吸收截面；

$\sum_a^s$——结构材料的宏观吸收截面。

可以推导出裂变产物所引起的反应性变化为

$$\Delta\rho = \frac{f' - f}{f'} = \frac{\sum_a^P}{\sum_a^U + \sum_a^m + \sum_a^s} \approx \frac{\sum_a^P}{\sum_a^U}$$

由裂变产物吸收中子引起反应性变化称为反应性中毒效应。

应该指出，由于裂变产物的分布是非均匀的，采用均匀裸堆的四因子模型本身就是粗略的，因此采用上式来计算裂变产物中毒的误差是比较大的，在实际计算中一般是采用数值方法进行计算。

下面分别讨论反应堆在启动、停堆以及功率变化时的氙中毒。

(1)反应堆启动时的氙中毒

考虑一个净堆，功率从零做阶跃式突增。在功率上升后，立即有^{135}Xe 从 0.2%的裂变产生出来和^{135}I 从 6.3%的裂变产生出来。随着^{135}I 和^{135}Xe 的浓度增加，^{135}I 衰变到 Xe-135 的衰变率增加，^{135}Xe 因燃耗和衰变的损失率也增加。Xe 的半衰期(9.1 h) 比 I 的半衰期(6.6 h)长，因此^{135}I 到^{135}Xe 的衰变比^{135}Xe 的衰变快。

由于^{135}Xe 的生成率大于损失率，^{135}I 的浓度增加。

在阶跃式功率上升以后，保持功率不变，因此，氙和碘的生成率 ($\gamma_{Xe}\sum_f\phi$ 和 $\gamma_I\sum_f\phi$) 保持不变。

N_I 要增加至其损失率($\lambda_I N_I$)等于生成率。此时^{135}I 衰变生成^{135}Xe 的速率变为常数。随着浓度的增加，^{135}Xe 因衰变和燃耗的损失率($\lambda_{Xe}N_{Xe}$ 和 $N_{Xe}\sigma_a\varphi$)亦增加。

(2)停堆后的氙中毒

反应堆停堆以后的氙浓度变化有重要意义，在决定停堆裕度时需要考虑。如果在停堆时堆芯净反应性为零($K_{eff}=1$)，则氙毒的反应性引入开始为负，然后为正。越过氙浓度峰值后，氙浓度变化引入正反应性。堆的过剩反应性先是减小到最小值，然后又逐渐增大，通常把这一现象称为“碘坑”，因为它与^{135}I 的衰变密切有关。

N_{Xe} 的峰值和达到峰值的时间取决于停堆时的^{135}Xe 浓度。达到峰值的最大时间为 8 h，在停堆 80~90 h 后，^{135}Xe 完全衰变掉了。

(3)功率变化时的氙中毒

反应堆的变化引起氙浓度的变化，从而引起瞬态反应性效应。初始反应性变化是 N_{Xe} 的立即减少。N_{Xe} 的立即减少是因为氙燃耗率($\sigma_a N_{Xe}$)立即增加，裂变生成率 ($\gamma_{Xe}\cdot\sum_f\phi$) 也稍有增加。$N_I$ 不能立即改变，所以^{135}Xe 来自^{135}I 衰变($\lambda_I N_I$)的生成量不能立即改变。因此氙的损失率大于生成率，N_{Xe} 减小。

随着 N_{Xe} 的减小，氙的衰变($\lambda_{Xe}N_{Xe}$)和燃耗($\sigma_a N_{Xe}\varphi$)减少。同时由于 N_I 的增大，由

^{135}I 衰变生成的^{135}Xe 增加。当^{135}Xe 的生成率超过损失率时,氙浓度和氙毒反应性将增加。当 N_{Xe} 增加时,其损失率($\lambda_{Xe}N_{Xe}$ 和 $\sigma_a N_{Xe}\phi$)亦增加,直至在较高的^{135}Xe 浓度和反应性水平下^{135}Xe 的损失率等于生成率。

达到^{135}Xe 最小浓度的时间取决于功率变化的幅度和最终的功率水平,它总是小于 8 h。达到^{135}Xe 平衡功率水平,它大约为功率变化后 40 h。

对反应堆的功率先降低后恢复的情况,氙的过渡特性如图 2. 6 所示。反应堆在 100% 功率运行 2 d,然后下降到 50%运行 10 h,再恢复到 100%。初始氙浓度已达到其平衡值。

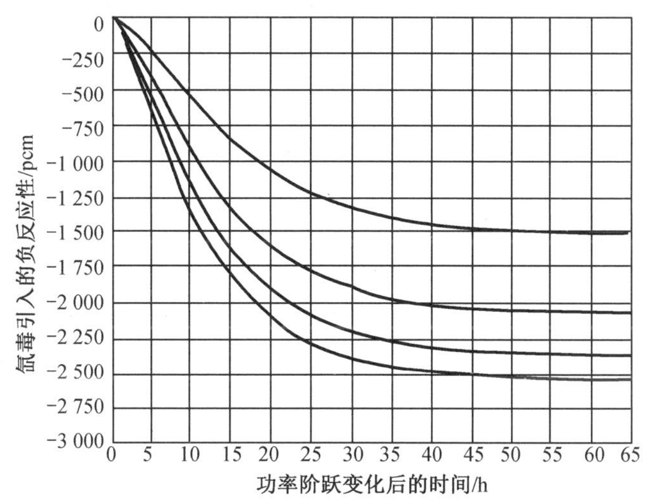

图 2. 6 功率阶跃变化时氙的变化曲线

当功率下降时,由于氙的燃耗($\sigma_a N_{Xe}\phi$)立即减小,氙浓度增加。碘浓度由于通量水平下降而开始减小($\gamma_I \sum_f \phi$)。随着 N_{Xe} 增加,^{135}Xe 的衰变率($\lambda_{Xe}N_{Xe}$)增加,即损失率增加。N_I 的减小导致^{135}Xe 产生率($\lambda_I N_I$)减少。大约 5 h 后氙损失率大于其生成率,N_{Xe} 开始减少。

如果功率不再改变,40~50 h 后,N_{Xe} 和氙反应性将减少到 50%平衡值。10 h 后的功率提升引起和前面讨论过的功率提升类似的氙的瞬态过程。不过这里的初始氙浓度不是 50%功率的氙平衡值,因为其平衡状态尚未建立。

在功率做线性变化时氙反应性的变化与功率做阶跃变化时类似,因为^{135}Xe 和^{135}I 衰变常数的幅值($\lambda_{Xe}=0.007\ h^{-1}$,$\lambda_I=0.105\ h^{-1}$)与典型压水式反应堆(PWR)正常功率变化率无关。

(4)氙的不稳定性

氙的不稳定性是指由于改变^{135}Xe 浓度而引起的功率分布的缓慢振荡。考虑一个反应堆,它大到能够分为两个独立的区,记为Ⅰ区和Ⅱ区。由于两个区之间的距离,在一个区内由裂变产生的中子不会在另一个区中引起大量的裂变(当堆芯的线度比中子徙动长度大几倍时,这种情况就会发生)。

假定反应堆已经运行一段时间,氙浓度已达到平衡,假设Ⅰ区的中子通量有一个小的增加。通量增加的结果是Ⅰ区^{135}Xe 的燃耗增加,^{135}I 的产生率也增加。由于碘的半衰期为

6.7 h,所以在Ⅰ区通量的增加与^{135}Xe 产生率增加之间有相当的延迟。因此,在起初,氙浓度减小,从而使Ⅰ区反应性增加,中子通量更进一步增加。结果是Ⅰ区氙浓度进一步降低和Ⅰ区热中子通量持续增加,直至从^{135}I 产生的氙使^{135}Xe 的量增加。Ⅰ区的中子通量则开始降低。

如果反应堆总功率维持不变,Ⅰ区通量的增加必定由Ⅱ区通量的减少所补偿。随着Ⅱ区通量降低,由于燃耗减少氙浓度增加。^{135}I 产生的减少暂时不影响^{135}Xe 的浓度。氙浓度增加进一步降低Ⅱ区的通量。当^{135}I 衰变生成^{135}Xe 足够低时,Ⅱ区中的中子通量将增高。Ⅰ区和Ⅱ区将互换角色,即Ⅰ区通量降低,Ⅱ区通量升高。经一定时间,Ⅱ区^{135}I 衰变而延迟生成氙将引起另一次角色互换。这样,一系列热中子通量(以及堆功率)振荡将在Ⅰ区和Ⅱ区之间发生,周期约为 1 天。

氙的不稳定性并不是核危害。问题是中子通量在局部升高意味着产生比预期的或反应堆事故分析中规定的更多的热量。存在由于某些燃料元件过热而引起局部损坏的可能性。

只有中子通量足够高,使得^{135}Xe 因中子俘获而产生的损失率比^{135}I 的衰变率大的时候,氙的不稳定性才会发生。大的负慢化剂温度反应性系数可能克服氙的不稳定性。因为局部温度改变将抵消由氙引起的通量变化。用中子通量测量装置探测局部通量变化,并用控制棒进行补偿,也可避免氙振荡。

5. 钐效应

钐是另一重要的裂变毒物,它的裂变产额只有 1.07%,但是它的热中子吸收截面大(4.1×10^4 b)。^{149}Sn 是经过下面的衰变路线生成的:

$$\text{裂变}\longrightarrow{}^{149}\text{Ce}\xrightarrow[T_{1/2}=5\ \text{s}]{\beta^{-1}}{}^{149}\text{Pr}\xrightarrow[T_{1/2}=2.7\ \text{s}]{\beta^{-1}}{}^{149}\text{Nd}$$

$$^{149}\text{Nd}\xrightarrow[T_{1/2}=1.73\ \text{h}]{\beta^{-1}}{}^{149}\text{Pm}\xrightarrow[T_{1/2}=53.1\ \text{h}]{\beta^{-1}}{}^{149}\text{Sm}$$

^{149}Ce 的裂变产额是 1.07%,^{149}Pm 有 1 400 b 的吸收截面,但是和^{149}Sm 的吸收截面比较起来这是可以忽略的。

与氙不同,钐是稳定的,所以^{149}Sm 只因燃耗而消失。

$$^{149}\text{Sm}+{}_0^1\text{n}\longrightarrow{}^{150}\text{Sm}+\gamma$$

^{149}Sm 的平衡方程为

$$\frac{\mathrm{d}N_{\mathrm{Sm}}}{\mathrm{d}t}=\lambda_{\mathrm{Pm}}N_{\mathrm{Pm}}-\sigma_{a(\mathrm{Sm})}N_{\mathrm{Sm}}\varphi$$

^{149}Ce 的半衰期($T_{1/2}=5$ s)、^{149}Pr 的半衰期($T_{1/2}=2.7$ s)、^{149}Nd 的半衰期($T_{1/2}=1.7$ h)以及^{149}Pm 的半衰期($T_{1/2}=5.31$ h)都是短的。因此可以假定^{149}Pm 是由裂变直接生成的,产额为 1.07%。

$$\frac{\mathrm{d}N_{\mathrm{Pm}}}{\mathrm{d}t}=\gamma_{\mathrm{Pm}}\sum_f\varphi-\gamma_{\mathrm{Pm}}N_{\mathrm{Pm}}$$

下面分别讨论反应堆在启动、停堆以及功率变化时的钐中毒。

(1)反应堆启动时的钐中毒

图 2.7 的前半部是一个净堆芯启动后钐毒引起的反应性与启动时间的关系曲线。

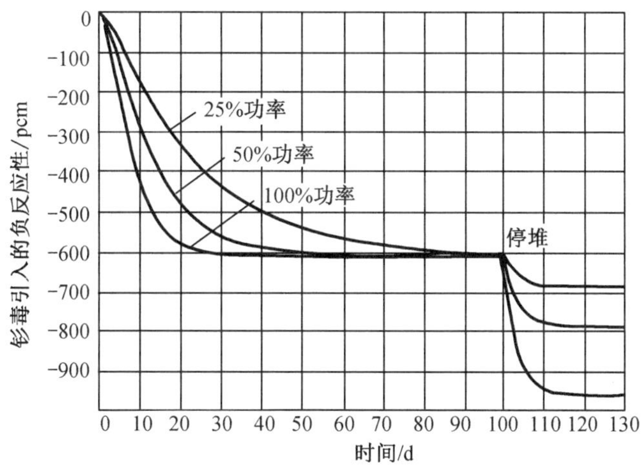

图 2.7 钐毒引起的反应性与启动时间的关系曲线

因为^{149}Sm 的吸收截面比^{135}Xe 小得多，而且^{149}Pm 的半衰期比^{135}I 和^{135}Xe 长，所以钷和钐达到平衡值所需的时间要比氙稍微长一些，需几百小时。

平衡值可这样确定：当钐达到平衡时

$$dN_{Pm}/dt = dN_{Sm}/dt = 0$$

可以推导出

$$N_{Sm} = \gamma_{pm} \sum_{f} / \sigma_{a(Sm)}$$

^{149}Sm 的平衡浓度与通量水平无关。

(2)停堆后的钐中毒

图 2.7 的后半部是反应堆从 100%功率、50%功率和 25%功率运行 100 d 后停堆，钐毒反应性随停堆后时间变化图。

当通量为零时，钐的燃耗停止，但是钷仍然存在。^{149}Pm 衰变到钐将增加^{149}Sm 的浓度和引入负反应性，直至^{149}Pm 耗尽。由于平衡^{149}Pm 浓度依赖于反应堆功率，所以在较低功率下从^{149}Pm 衰变到^{149}Sm 较少，因此从较低功率水平的停堆成比例地添加较小的反应性。

和^{135}Xe 不同，停堆后^{149}Sm 积累到最大值并保留这个值到反应堆有功率时。那时，中子通量将烧尽过剩的钐，将钐浓度恢复到其与通量无关的平衡值。到堆芯寿期末，反应堆在停堆以后将不能克服^{149}Sm 积累引入的负反应性，不能再启动。

(3)功率变化时的钐中毒

图 2.8 表示反应堆功率从 100%降到 50%时钐的反应性特性。注意：恢复到平衡值大约在功率变化后几百小时。起初，^{149}Sm 燃耗率($\sigma_{a(Sm)} N_{Sm} \varphi$)的改变由^{149}Sm 生成($\gamma_{Pm} N_{Pm}$)的改变所补偿。如果功率保持足够长的时间不变的话，任何功率下，钐的浓度总将恢复到它的平衡值。

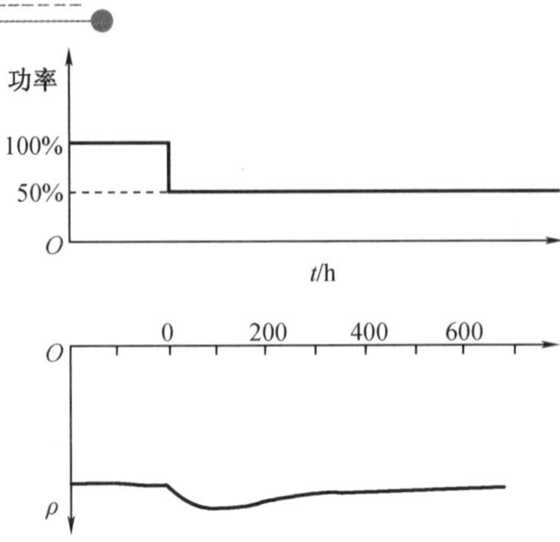

图 2.8　反应堆功率从 100%阶跃变化为 50%时钐引起的反应性变化曲线

2.1.3　控制棒的反应性效应

1. 概述

控制棒是压水堆三种主要反应性控制方式之一，其他两种方式是可燃毒物棒和化学补偿剂。

控制棒控制（8%～10%）$\Delta k/K$ 的堆芯过剩反应性。反应性值的大小主要基于下述考虑：

（1）控制方式的安全性；

（2）控制方式的效率和效能；

（3）控制方式的经济性。

当控制棒拥有 8 000 pcm 以上的反应性价值时，它具有足够的反应性提供反应堆保护需要的快速停堆机制，且限制溶硼浓度在负慢化剂温度系数范围内。控制棒由强热吸收和超热吸收中子材料制成。控制棒可以以不同运动速度运动，以便提供反应堆的不同调节要求。

在反应堆初始启动或停堆期间应用控制棒，一旦反应堆临界且有足够的核发热以提高慢化剂温度时，应用控制棒调节慢化剂温度，补偿氙中毒和功率亏损引起的反应性变化。控制棒用来调节短期的反应性变化，如裂变毒物和功率亏损引起的变化。可溶硼浓度用来调节长期的反应性变化。功率运行时，控制棒一般尽量地提出堆芯，但它在堆芯内的位置存在各种限值。

2. 影响控制棒的数量和其所控制的反应性大小的因素

（1）控制棒必须能补偿满功率的功率亏损；

（2）控制棒必须有足够的负反应性以补偿汽机部分甩负荷引入的正反应性；

（3）控制棒应有能力补偿功率变动时氙浓度变化引起的异常功率分布；

（4）控制棒应有能力调节由于温度、硼浓度或空泡效应等引起的小反应性变化；

（5）控制棒应能改变慢化剂平均温度，使之在任何功率水平保持在设计值内；

（6）控制棒应能够提供足够的停堆裕度，即使最大效率的控制棒完全卡在堆芯外；

（7）任何一束棒的反应性足够小，以防止该棒从堆芯弹出发生瞬发临界事故。

控制棒应分为安全棒组和调节棒组。

3. 控制棒的物理特性和核特性

传统压水堆核电站的控制棒一般采用银-铟-镉合金制成。因为镉的热中子吸收截面很大,银和铟对于能量在超热能区的中子又具有较大的共振吸收能力。此外,还要求控制棒材料有较长的寿命,这要求它在单位体积中含吸收体核数要多,而且要求它吸收中子后形成的子核也具有较大的吸收截面,这样它吸收中子的能力才不会受自身“燃耗”的影响。最后还要求控制棒的材料具有抗辐照、抗腐蚀、耐高温和良好的机械性能,同时价格要便宜。棒的底端有弹头形端塞,以减少停堆时的水力阻力,并平滑地引导进入燃料组件导向管的阻尼减震段。星形架组件有一中心连接杆,它与几个伸出去的翼杆相连,翼杆包括圆柱形的抓柄,抓柄与吸收棒连接。星形架内有一螺线弹簧,以吸收停堆时的冲击能量。驱动杆与星形架组件相连,它上面开有间距 1 cm 的槽,控制棒驱动机构的销爪与这些槽啮合以提升控制棒组件。

单棒吸收体很小且均匀地分布在燃料组件内,这样就使燃料组件的一个区域的吸收中子数很少,从而得到较均匀的中子通量分布。单棒吸收体直径很小,这就降低了它的自屏效应,增加了单位体积吸收材料的反应性价值。应用小直径的棒吸收体,同时也减小了导向管尺寸,降低了棒从堆芯抽出时形成的水腔中子通量峰。

以水作慢化剂的低浓铀堆实际上不是真正的热中子堆,紧密布置的设计使水铀比很低,裂变快中子不能完全热化。如果控制棒材料具有强烈的热中子吸收和共振中子吸收,它的效率就很高。

银-铟-镉棒在很大的能量范围内是很好的中子吸收体,由图 2.9 可见,在从热能到 50 eV 的超热能区,它能百分之百地吸收中子。

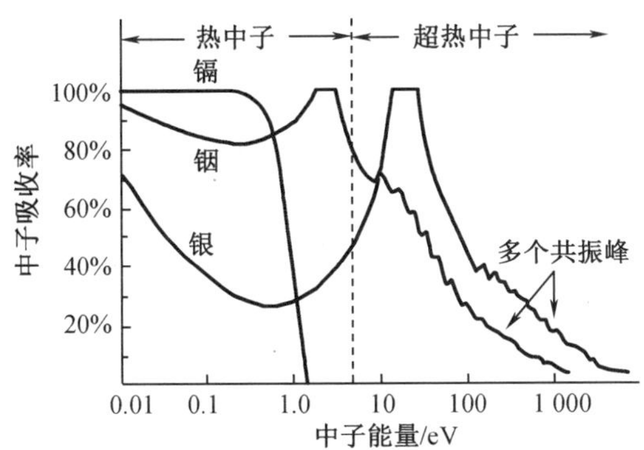

图 2.9 控制棒材料中子吸收曲线

压水堆另一种很好的控制棒吸收材料是铪(Hf)。铪棒虽然昂贵,但被认为是最好的水冷堆控制材料。因为它的超热能区中子俘获效率很高,铪包括许多大吸收截面的同位素,使用寿命长。

4. 控制棒对 K_{eff} 的影响

控制棒对中子倍增因子有直接影响,它主要影响热中子利用因子(f)和逃脱共振概率(P)、抽插控制棒时慢化剂的替换使中子通量分布畸变,这对泄漏概率(P_f 和 P_{th})有一定影响,控制棒对快裂变因子(ε)和再生因子(η)影响较小。

按热中子利用因子(f)定义：

$$f=\frac{\sum_{a}^{U}}{\sum_{a}^{U}+\sum_{a}^{Mod}+\sum_{a}^{rods}+\sum_{a}^{pooison}}$$

当控制棒插入堆芯时，$\sum_{a}^{rods}$ 增大，f、K_{eff} 都减小；反之，当抽棒时，f、K_{eff} 都增大。

因为控制棒有很大的超热中子吸收，它影响逃脱共振概率。按逃脱共振吸收概率(P)的定义：

$$P=\frac{\text{达到热能区的快中子数}}{\text{开始慢化时的快中子数}}$$

因为控制棒强烈吸收超热中子，只有较少的中子达到热能区，使 P 下降，这又使 K_{eff} 降低。控制棒插入时挤出一些慢化剂，这对逃脱共振影响较小，但因控制棒不是好的慢化材料，当插棒代替慢化剂时，中子热化减弱，导致中子更长时间地逗留在超热能区，这又增加共振俘获，降低了逃脱共振概率和 K_{eff}。

控制棒的插入改变了堆芯中子通量分布，这导致堆芯几何曲率(B^2)增加，从而降低了超热中子不泄漏概率(P_f)和热中子不泄漏概率(P_{th})。

当控制棒插入替代慢化剂时，快中子在慢化时跑得更远，使快中子扩散长度(L_f)增加，这亦减小了快中子不泄漏概率。同样，热中子不泄漏概率亦减小。

通常认为控制棒对 K_{eff} 的影响主要是逃脱共振概率和热中子利用系数，控制棒对不泄漏概率的影响很小，忽略不计。

5. 控制棒的微分和积分价值

当控制棒在堆芯抽插时，只有靠近控制棒顶端附近区域堆芯特性有变化，棒插入时引入的反应性量就由这个区域的条件决定。如果棒顶端处中子通量相对于堆芯其他区域是大的，被棒吸收的中子份额也会较大，棒在这个区域运行，它引入的反应性变化也大。

决定棒价值的另一个因素是棒顶端处中子的相对重要性，即中子价值。一个中子如果在堆芯边缘产生，它易于泄出堆外，不易引起裂变。那些靠近堆芯边缘，在高毒物浓度区域或在燃料富集度低的区域内的中子，对链式反应贡献小，中子价值较低。当棒的顶端通过对链式反应较重要的区域时，它引入的反应性变化较大，多数情况中子价值和中子通量成正比。

微分棒价值(DRW)是单位棒位变化引起的反应性变化：

$$\mathrm{DRW}=\frac{\Delta\rho}{\Delta H}$$

式中　DRW——微分棒价值；

$\Delta\rho$——反应性变化；

ΔH——棒位变化。

微分价值的单位是 pcm/步($1\ \mathrm{pcm}=10^{-6}\Delta K/K$)。

微分价值取决于单位棒顶端附近的相对通量、相对权重和棒本身的吸收特性，即

$$\mathrm{DRW}=C\left(\frac{\Phi_{tip}}{\Phi_{avg}}\right)\psi$$

式中　DRW——微分价值；

Φ_{tip}——棒顶端附近中子通量；

Φ_{avg}——堆芯平均中子通量；

C——与棒吸收中子特性有关的常数；

ψ——中子通量的权重因子。

对大多数堆，中子通量权重因子与局部通量成正比，即

$$\psi = \frac{\Phi_{tip}}{\Phi_{avg}}$$

所以得到

$$\mathrm{DRW} = C\left(\frac{\Phi_{tip}}{\Phi_{avg}}\right)^2$$

即棒的微分价值与棒顶端局部相对通量平方成正比。

微分价值随堆芯高度的变化曲线称为微分价值曲线，它的形状与堆芯中子通量分布有关。影响堆芯中子通量分布的因素都会影响到微分价值，棒本身的运动也会改变通量形状和微分价值。插棒区中子通量被压低，非插棒区被抬高。

控制棒的积分价值是：当控制棒从参考位置移动到某一位置时引入的总反应性变化。这一参考位置通常选择为控制棒全提或全插。当选全提位置为参考位置时，下插棒引入负反应性，积分价值是在全提时为零，下插时积分价值为负数。当选全插位置为参考位置时，积分价值在全插时为零，上提时积分价值为正数，参考位置的选择依运行习惯来选取。

典型的控制棒组微分价值曲线和积分价值曲线如图 2. 10 所示。微分棒价值是积分价值的斜率。控制棒移动时产生的反应性变化为

$$\Delta\rho = \mathrm{IRW}_{final} - \mathrm{IRW}_{initial}$$

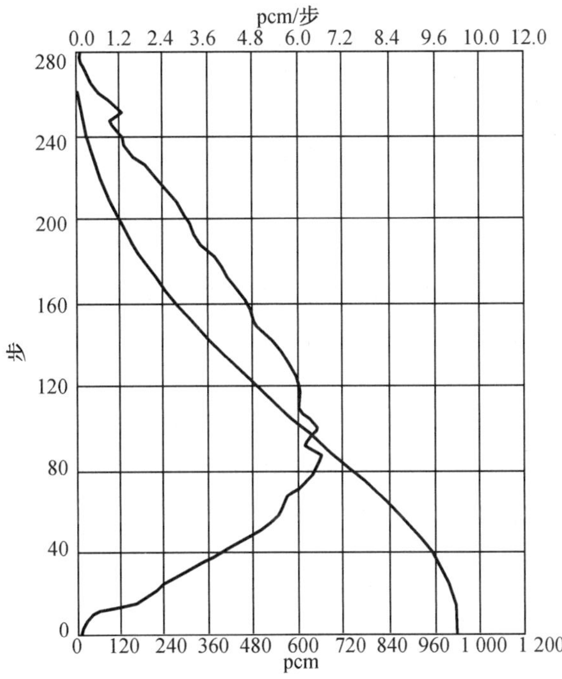

图 2. 10 典型的控制棒组微分价值曲线和积分价值曲线

6. 影响棒价值的堆芯条件

影响控制棒价值的堆芯条件很多,诸如慢化剂温度、裂变产物毒性、可溶硼浓度、堆功率水平以及其他控制棒在堆芯的状态等。

慢化剂温度对棒价值有重要影响。慢化剂温度升高,其密度降低,中子在与水分子作用时穿行距离增大,从而到达控制棒的概率就提高。因此,慢化剂温度升高,控制棒作用范围增加使棒价值增高。

大多数裂变产物和化学补偿剂是强烈的热中子吸收体,倾向于使中子能谱硬化,但因为银-铟-镉或铪棒具有很强烈的超热中子吸收,即使裂变毒物或化学补偿剂的浓度改变时,控制棒的反应性价值仍很高,一般来说,随着堆芯寿期增加,裂变毒物数量增长,控制棒价值略有增加。

虽然控制棒的反应性价值与堆芯通量的绝对值无关,但因与功率水平有关,一般这种变化可忽略不计。当堆功率水平上升时,慢化剂温度升高,多普勒效应和裂变毒物的积累导致堆芯宏观中子通量分布改变和中子能谱硬化,通常控制棒价值随功率水平上升略有增加。

其他控制棒的存在会引起控制棒价值产生很大的改变,反应性价值的这种改变称为控制棒阴影效应。其他控制棒的存在,较大地改变了堆芯宏观通量分布,必然影响控制棒插入时吸收中子的数量,从而影响棒价值。阴影效应在控制棒相距在中子扩散长度之内时才重要,如果棒间距超过扩散长度,阴影效应可忽略不计。

7. 棒组重叠

控制棒组在使用时有一定的重叠量,即在一组棒全抽出前另一组棒已开始从堆底提起。应用棒组重叠以得到一个较均匀的微分棒价值,使提棒时的轴向通量分布更均匀,非均匀的轴向通量分布会引起堆芯的非正常功率峰,易使燃料元件损坏。均匀的微分价值保证了提棒时的均匀反应性变化。如果微分价值为零或很小,提棒时不添加反应性,这是不被希望的。在发生事故或瞬态过程中,希望立即引入反应性。因此,在反应堆运行过程中,包括启动或停堆,使用重叠棒组。

某核电站第一循环寿期初重叠棒组价值曲线如图 2.11 所示。

8. 调节棒组调节带和插入极限

调节棒组执行电站负荷调节任务,当堆芯处于某一功率水平运行时,调节棒组有一个正常的活动范围,这个活动范围称为调节带。在反应堆的寿期初、中、末各个阶段,各调节棒组在零功率至满功率范围内,均有相应的调节带。调节棒组调节带确定的原则如下。

(1)调节带上限

控制棒移动时引入的反应性速率和当量能满足每分钟 5%满功率线性负荷变化和阶跃 10%满功率负荷变化的反应堆控制要求,要求这时反应堆功率调节系统不发生“超调”现象。按照电站功率调节系统的要求,通常要求调节棒组的微分价值大于或等于 2.5 pcm/步。

(2)调节带下限

满功率运行的主调节棒组在堆芯中要有一定的活动余地,以满足电站运行必要的机动性要求。但是棒组的预插入深度过大,势必造成轴向功率畸变过大,同时减少了棒控热停堆深度。由于核电站在一般情况下只考虑高功率范围负荷波动时随时恢复功率的能力,即 100%、90%、85%功率随时恢复到满功率的能力要求。这样考虑最大氙毒效应为 160 pcm,

再考虑一天调硼周期需要棒控补偿的反应性约为 22 pcm,故调节带的宽度约为 182 pcm。根据已确定的调节带上限和必要的调节带宽度可确定满功率运行时调节带的下限。

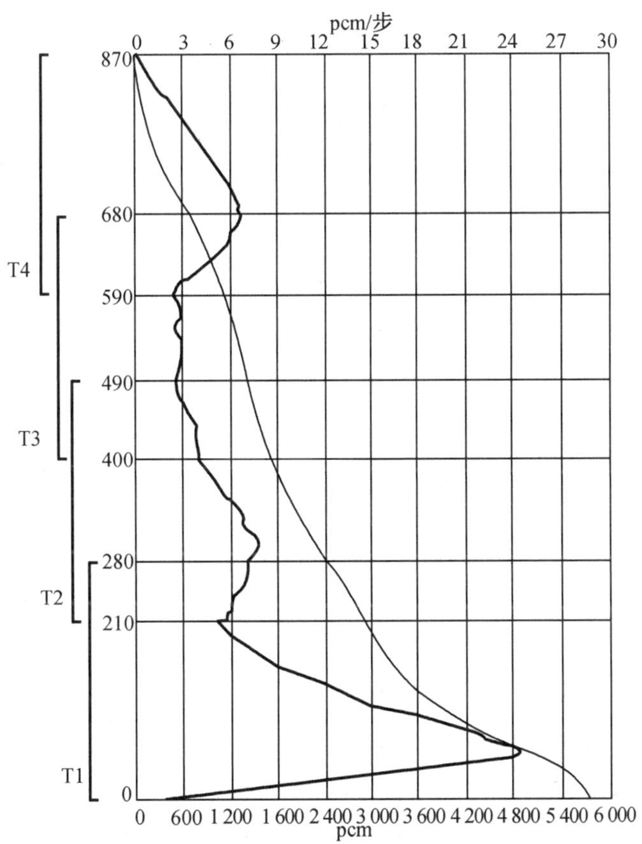

图 2.11 某核电站第一循环寿期初重叠棒组价值曲线

当反应堆处于非满功率工况,其调节带的上、下限应由这个功率水平提到满功率时功率亏损量的大小来确定。希望当堆功率改变时,有较少的调硼量。

通常在电站的寿期初、中、末的不同阶段,调节带的位置不相同。实际上控制棒在堆内的最佳活动范围,还需要受到运行方式的限制,该核电站对轴向通量分布,采用常轴向偏移控制方式 CAOC 控制方式。在满功率时,轴向通量偏移 ΔI 的变化范围为±5%。

寿期初的调节棒调节带如图 2.12 所示。

(3)控制棒组插入极限

反应堆运行时控制棒组在堆内的插入深度有一定限制,这主要是考虑当控制棒组在该限值以上时:反应堆有足够的停堆裕度;棒组插入造成的堆芯功率不均匀系数在安全允许范围内,其 $F_{\Delta H}$、$F_{xy}(z)$、$F_z(Z)$ 等因子及偏离核态沸腾比(departur from nucleate boiling ratio, DNBR)能满足技术规格书中允许值要求;在发生弹棒事故时,弹棒事故后果限制在允许范围内。控制棒组的插入极限亦称为控制棒组的低-低位。在满功率运行时当 T4 棒组到达其低-低位时,安保系统报警,并开始紧急硼化。在调节带与插入极限之间的位置上,设置调节棒组低位报警。通常为低位报警的低-低位置以上十几厘米处。

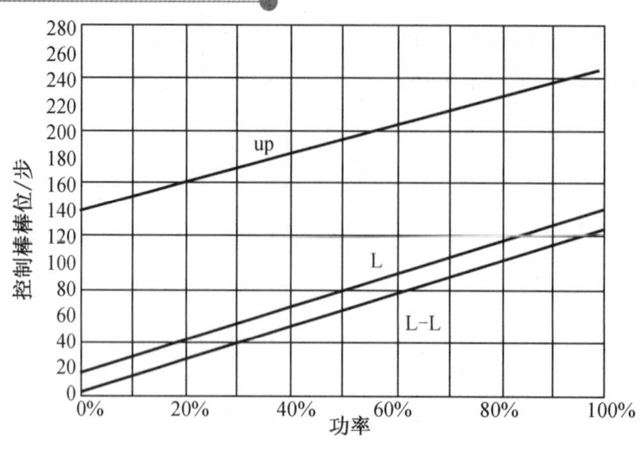

图 2.12　寿期初的调节棒调节带

由于核电站反应堆运行控制方式的不同，控制棒调节带限值也不尽一致。有的反应堆满功率运行时主调节棒组保持在堆外，反应堆运行时的反应性变化依赖慢化剂温度 T_{av} 变化和一回路调硼来解决，这种运行方式对改善堆芯通量分布加深燃料燃耗是有利的。但插棒一开始，负反应性引入率慢，对某些电站事件是不利的。控制棒插得比较深对燃耗寿期是不利的，控制棒深插入产生阴影效应。有些事故的初始条件在棒插深时是不利的。

该核电站堆芯轴向通量分布控制采用常轴向偏移控制方式（CAOC）。控制棒调节带的确定应当与 CAOC 目标带相适应，使得反应堆运行在目标调节带范围内。在大多数运行条件下，轴向通量偏移限制要比调节带的限制严格。

按照技术规格书的规定，在反应堆功率运行状态下，$F_{\Delta H}$、F_{xy} 象限功率倾斜比（QPTR）还应当满足一定的限值要求。这时对控制棒调节带的确定一般不会添加新的限制条件，但是如果反应堆运行时控制棒组发生失步、滑步或下落棒时，将会对堆芯安全构成一定威胁，所以，正常运行时要监视调节带棒组在棒芯的实际棒位。在反应堆运行期间，堆操纵员对安全运行负责，对控制棒的操作要求如下：

①确保控制棒以合适的棒组重叠量移动；

②确保控制棒保持在调节带内；

③确保轴向通量偏移（ΔI）保持在目标带范围内或允许的惩罚时间范围内。

④确保所有棒束的位置失步在允许限值范围内。

调节带随燃耗深度变化，一个燃料循环中寿期初、中、末的调节带是不同的。

9. 控制棒故障、事故弹棒

反应堆弹棒事故是反应堆极限事故之一。通常只考虑单束棒的弹棒事故。反应堆在热态零功率状态下发生弹棒事故是最危险的堆芯事故之一。安全分析时要考虑最大效率的单束棒发生弹棒事故，且堆芯的棒位处于调节带的插入极限位置，这时事故弹棒的棒价值最大，事故后果最严重。

反应堆在满功率运行时也要分析弹棒事故后果。这时考虑反应堆调节棒位于插入极限位置发生弹棒事故，安全分析要给出这时允许的弹棒价值及堆芯功率分布诸因子限值。

控制棒弹棒事故是控制棒密封壳套的机械破裂导致棒和驱动杆弹出堆芯引起的。事故不仅在堆芯快速引入正反应性，而且造成坏的堆芯功率分布，其结果可能造成局部燃料棒的损坏。由于核电站发生弹棒事故属Ⅳ类事故,发生概率很低,损坏一些燃料是允许的。单束控制棒弹出后发生高中子通量停堆(高整定值或低整定值)保持和中子通量的正变化率高停堆保护,同时单束控制棒的弹出还导致在反应堆压力容器上封头处的破口,由此造成失水事故。

对某核电站的安全分析表明,发生弹棒事故时,燃料和包壳温度都没有超过其限制值,因此,不会产生燃料直接弥散到冷却剂中的危险。进入偏离泡核沸腾包壳发生破损而引起裂变产物释放的燃料棒数小于堆芯中燃料棒总数的10%。

控制棒事故除最严重的弹棒之外,尚有一束最大效率的棒束在堆顶卡滞、自由掉棒、棒失步以及失控提升等其他事故。

2.1.4 功率分布

压水堆堆芯中任何一点产生的热量是该点热中子密度的函数。反应堆的功率为堆芯最热部分得到足够冷却的能力所限制。从反应堆运行来讲,不仅需要测定功率的大小,而且还必须掌握堆内功率分布。如果堆芯功率分布较均匀,则堆芯是安全的,燃料可得到充分利用,如果径向功率出现局部功率峰,虽然反应堆功率未变,仍有可能发生燃料包壳因过热而损坏的事故。因此在反应堆正常运行时,要定期监测堆芯功率分布,确认热流密度热管因子 F_Q^N、核焓升热管因子 $F_{\Delta H}^N$、象限功率倾斜比 QPTR、轴向通量偏差 ΔI 在运行限值范围内。

1. 理论核功率分布

PWR 堆芯可以设想成均匀组成的(就是将燃料元件、慢化剂及结构材料看成是处处均匀混合的)圆柱体。用扩散方程来描述反应堆热中子通量。某一体积内中子数随时间的变化率等于体积内中子产生率减去吸收与泄漏的损失率,可表示如下:

$$\frac{\mathrm{d}n}{\mathrm{d}t}=\text{产生率}-\text{吸收率}-\text{泄漏率}$$

中子的产生、吸收、泄漏都取决于中子与反应堆中各种物质核的相互作用。

在稳定状态下,中子密度恒定,所以 $\mathrm{d}n/\mathrm{d}t=0$;对于理想化圆柱形反应堆,单群功率分布可写成

$$\varphi(\gamma,Z)=AJ_0\left(\frac{2.405r}{R_3}\right)\cos\left(\frac{\pi Z}{H_3}\right)$$

式中 R_3、H_3——堆芯有效半径及高度;

γ、Z——圆柱坐标系中的径向轴向坐标;

φ——中子通量密度分布;

A——任意常数;

$J_0\left(\frac{2.405r}{R_3}\right)$——零阶第一类贝塞尔函数在(·)处的函数值。

在有效半径和高度处中子通量为零。图2.13表示裸堆的径向、轴向通量分布。

实际上,PWR 堆芯用反射层围着,使泄漏中子返回堆芯。能量大于热能的泄漏中子在反射层里继续慢化,有些热中子返回堆芯,使堆芯边缘热中子通量抬高。图2.14为有反射层堆的径向与轴向通量分布。如果反应堆是在同一功率水平下运行,那么反应堆堆芯部分

的曲线下面积相等。所以,水反射层可降低通量峰,即展平径向、轴向通量分布。

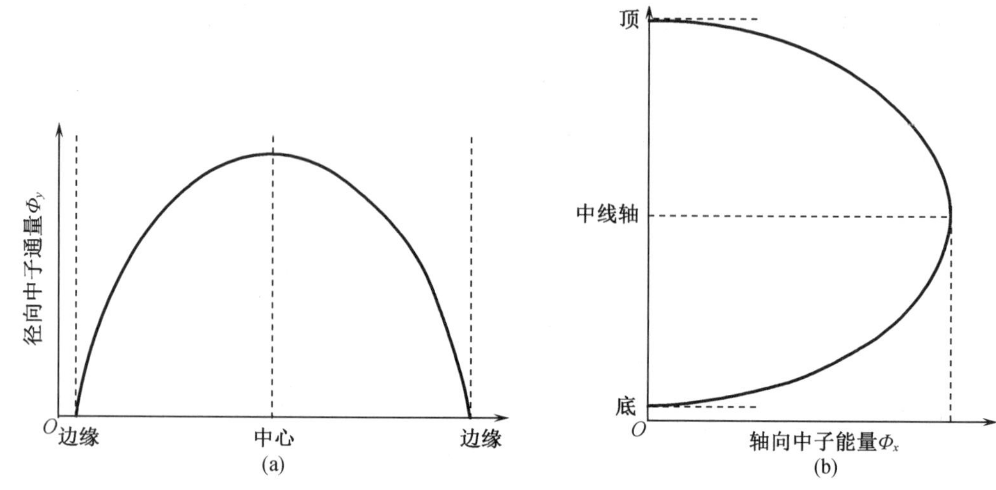

图 2.13　裸堆径向、轴向通量分布

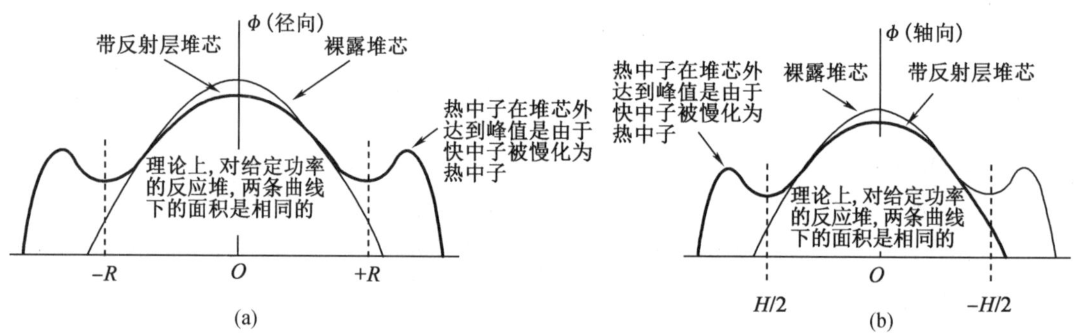

图 2.14　有反射层堆的径向、轴向通量分布

2. 径向通量分布

实际的 PWR 堆芯在径向上不同于理论分析中的均匀圆柱堆,有几个因素改变平滑的径向通量分布。第一,堆芯实际上是由正方形燃料组件组成的,接近于圆柱形,堆芯边界不是圆形的。第二,燃料、慢化剂和包壳是各自分开的,而不是理论上所假设的均匀物质。第三,使用三种不同浓度燃料组件及一定数量的可燃毒物棒,它们在堆芯里以棋盘方式布置,具有不同的燃耗速度。另外,功率水平、裂变产生的毒物浓度及控制棒布置都会影响反应堆径向功率分布。在堆芯某一横截面上,典型堆芯径向功率分布如图 2.15 所示。

(1)影响径向功率分布的主要因素

①功率水平对径向功率分布的影响

随着功率水平的提高,燃料元件芯体温度上升,功率密度最高处的燃料温度也最高,由于负燃料温度系数的存在,(多普勒效应)降低高温处的功率,从而展平径向功率分布,如图 2.16 所示。

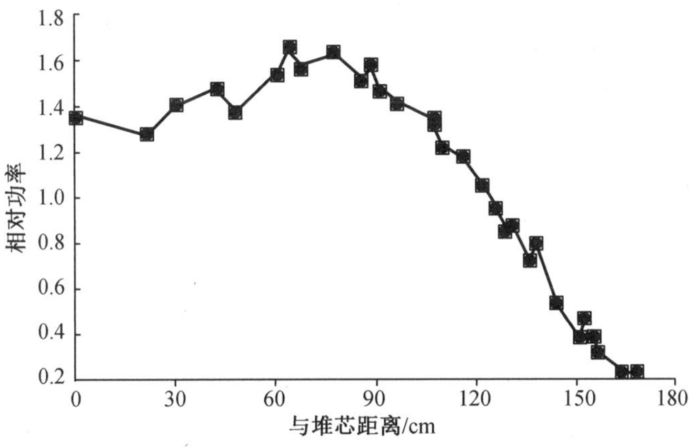

图 2.15 典型堆芯径向功率分布

②氙毒效应对径向功率分布的影响

平衡氙浓度正比于该处功率密度,因为氙是裂变产生的毒物,在高功率密度区域存在着高浓度氙,降低该区域功率,将展平径向功率分布,其方式与上面讨论的多普勒展平相同,如图 2.17 所示。

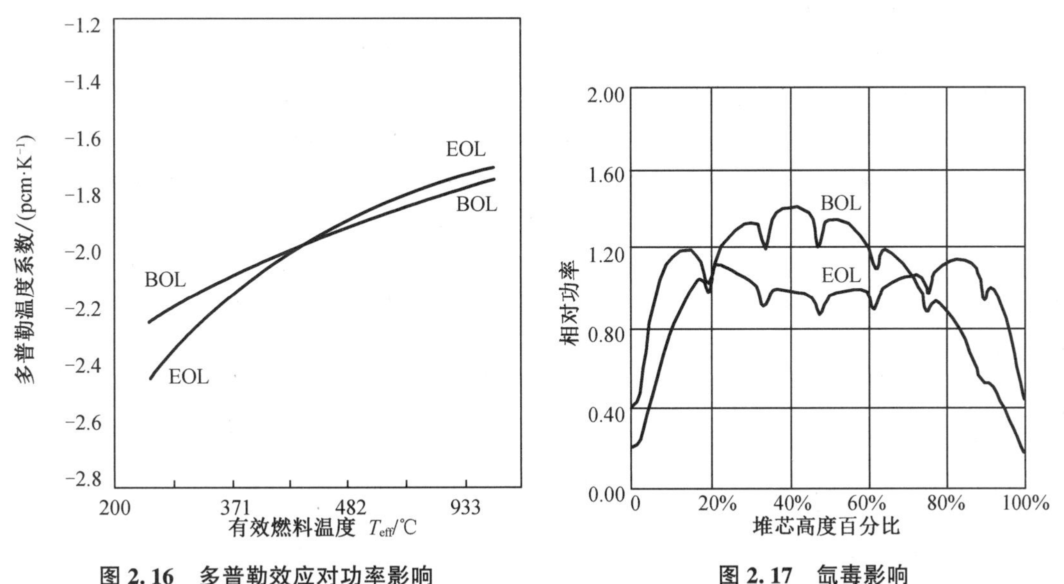

图 2.16 多普勒效应对功率影响 **图 2.17 氙毒影响**

③控制棒组效应对径向功率分布的影响

在实际反应堆运行中,插入中心位置的控制棒组深度适当,可压低中子通量峰,展平径向通量分布。但是,如果控制棒组插得太深(插入极限之下)将导致在无棒组件处产生大的功率峰,如图 2.18 所示。

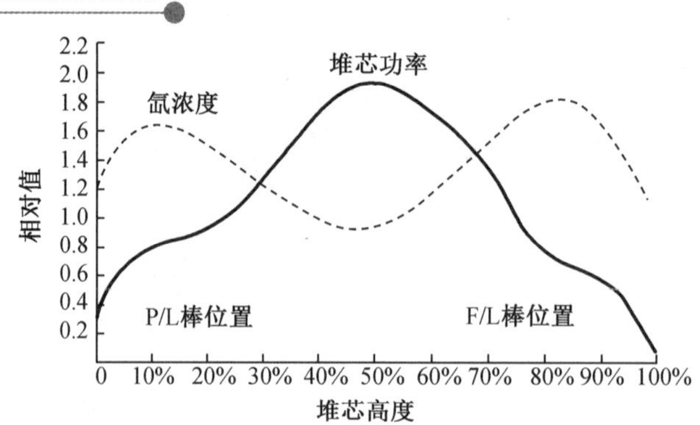

图 2.18　控制棒组效应影响

(2)径向不均匀系数

①核热管因子 F_Q^N

定义:

$$F_Q^N=\frac{\text{堆芯最大局部功率密度}}{\text{堆芯平均功率密度}}=\frac{P_V^{\max}}{P_V}\text{或}=\frac{P^{\max}}{P_e}$$

式中　P_V——功率密度,堆芯单位体积产生的功率,kW/cm^3;

P_e——线功率密度,燃料棒单位长度产生的功率,kW/cm^3。

$F_Q^N=1.0$ 表示完全平的功率分布,$F_Q^N>1.0$ 表示堆内存在通量峰。反应堆堆芯里核功率分布正比于热中子通量分布,核热管因子 F_Q^N 大,表明在反应堆局部地方存在高功率密度。为防止燃料元件熔化或元件棒包壳破裂而可能导致大量放射性气体向环境释放,应限制最大功率密度。因此,必须使热管因子为最小,减小热管因子的方法是展平轴向和径向通量分布。

②核焓升热管因子 $F_{\Delta H}^N$

定义:

$$F_{\Delta H}^N=\frac{\text{最热燃料棒功率}}{\text{堆芯平均燃料棒功率}}=\frac{\int_0^{Hc}PI(X_0Y_0Z)\,\mathrm{d}z}{1/I\sum_1^I\int_0^{Hc}P1(X_iY_iZ)\,\mathrm{d}z}=\frac{Q_{\max}}{Q}$$

式中　X_0、Y_0——最热燃料棒位置;

I——总燃料棒根数。

X_iY_iZ——第 i 根燃料棒位置;

P——燃料棒线功率;

$Q_{\max}$——热管积分功率输出;

Q——燃料棒平均功率输出。

热管的积分功率输出 $Q_{\max}$,也是堆芯内具有最大焓升的燃料冷却剂通道。由于燃料包壳材料要受抗高温腐蚀性能的限制,对不同堆型的燃料包壳所允许的最高表面温度是不同的。一般地,对水冷堆,锆合金包壳的表面温度不允许高于 350 ℃,为了保证反应堆运行的安全,冷却剂出口温度一般应比工作压力下的饱和温度低 20 ℃左右。

降低核焓升热管因子($F_{\Delta H}^{N}$)的主要方法是改善径向功率分布。

③径向功率峰因子 $F_{xy}(Z)$

定义:在堆芯高度为 Z 的平面上功率峰密度峰值与平均功率密度之比。

④象限功率倾斜比(QPTR)

定义:某一象限的堆芯上部功率(或下部功率)的最大功率与四个象限的上、下部平均功率之比。

$$\mathrm{QPTR} = \frac{P_{\max(上/下)}}{\overline{P}_{上/下}} \times 100\%$$

式中　$P_{\max(上/下)}$——四个象限中最大功率;

$\overline{P}_{上/下}$——四个象限的平均功率。

$$P_{上/下} = \frac{\sum_{i=1}^{4} P_{i(上/下)}}{4}$$

3. 轴向通量分布

实际的 PWR 堆芯的非均匀特性,使理论上的径向通量分布与实际的通量分布差别较大。而对轴向通量分布没有较大影响,因为在轴向,燃料装载和燃料组件结构完全相同,余弦函数仍然是轴向通量分布相当精确的表达式。活性区上、下部反射层和结构材料把泄漏中子反射回堆芯,但对总通量分布形状没有很大影响。因其具有较高的吸收截面,在因科镍合金格架带附近存在通量压低现象。

(1)影响轴向通量分布的主要因素

①功率水平对轴向通量分布的影响

在热态零功率状态下,在堆芯寿期初,因为堆芯装载沿轴向相同,且慢化剂温度是常数,所以轴向功率分布是以堆芯中心为中心的对称分布,如图 2.19 所示。

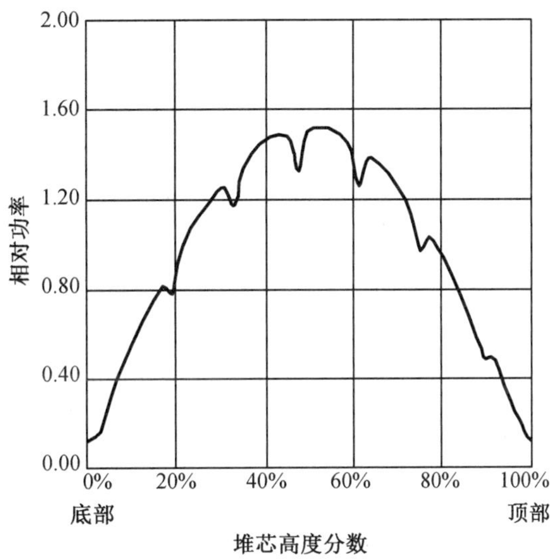

图 2.19　轴向功率分布

在有功率状态下,冷却剂温度从堆芯下部到上部随温度而上升,由于负反应性温度系数使堆芯上部功率密度降低,因此寿期初,轴向功率的峰值向堆芯底部移动,寿期末,由于底部燃耗较大,通量峰移向上部。但是又由于负温度系数在堆顶产生的负反应性,总的效应在满功率运行时,轴向功率分布相当平坦,如图 2.20 所示。

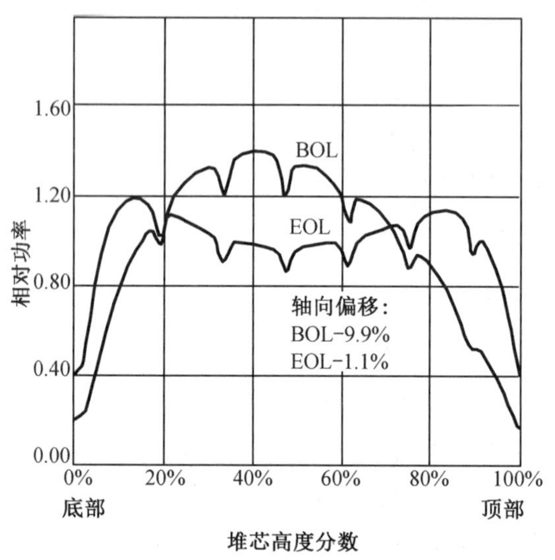

图 2.20　轴向功率分布对比

②控制棒位置对轴向通量分布的影响

在反应堆的运行中,控制棒的插入或提升,会使轴向和径向通量分布发生畸变。

随着控制棒的下插,轴向通量峰下移,当插到一定深度时,通量峰上移,直至控制棒全部插到底,由于控制棒有均匀轴向效应,可使轴向通量峰保持在中央平面。

③氙分布对轴向通量分布的影响

由于在中子通量高处氙浓度也高,它使该处增殖性能变坏,而造成中子通量降低。因此,氙分布可展平轴向通量分布。当功率水平发生变化时,由于氙效应的存在,使轴向功率分布也发生变化。

(2)堆外轴向功率偏移 AO 及轴向功率偏差 ΔI

①堆外轴向功率偏移 AO

定义:堆外轴向功率偏移度量轴向功率不平衡性。对每个核测通道定义为

$$AO=\frac{P_{上}-P_{下}}{P_{上}+P_{下}}\times 100\%=\frac{\Delta I}{P}$$

这里 $P_{上}$、$P_{下}$ 分别表示堆芯上部、下部的满功率份额。

轴向功率偏移 AO 虽然在描述功率分布控制时常用,但更多的是用在理论计算,是为堆内外核测仪表互校使用。当 $P=100\%$功率时,$AO=\Delta I$。

②轴向功率偏差 ΔI

定义:堆芯上部功率与下部功率偏差,它是反映反应堆轴向功率不对称性的。

$$\Delta I=\frac{(P_{上}-P_{下})}{(P_{上}+P_{下})_{额}}\times 100\%=\frac{(P_{上}-P_{下})}{(P_{上}+P_{下})}\times\frac{P_{上}+P_{下}}{(P_{上}+P_{下})_{额}}=AO\cdot P_{i}(\%)$$

其中，P_i 为相对功率。

在 $P_i = 100\%$ 功率时，$AO = \Delta I$。

当功率分布平衡时，$\Delta I = 0$，当 ΔI 为负值时，堆芯下部功率大于上部功率。ΔI 为正时，则相反。

轴向功率偏差将随功率水平和堆芯寿期而改变。如果在寿期初轴向功率峰在堆芯下部，ΔI 为负值；在寿期末，轴向功率分布较平，ΔI 接近零。随着功率增加，较多冷水进入堆芯下部，由于慢化剂温度效应，堆芯下部将产生更多的功率，ΔI 将随功率增加而变得更负。

要定期确定各功率水平下的目标值 ΔI_{ref}。确定方法：反应堆功率保持在尽可能高功率水平且氙平衡，控制棒组全提或尽量提高，把这种功率水平下的 ΔI 值作为目标值 ΔI_{ref}，通过描述 ΔI 与反应堆功率水平的关系曲线，在目标值 ΔI 和 $\Delta I = 0$（在零功率时）之间连一直线，就可以得到所有功率水平下的目标值 ΔI_{ref}，如图 2.21 所示。反应堆正常运行时，轴向功率偏差 ΔI 保持在 $\Delta I_{ref} \pm 5\%$ 范围内运行，称为常系数轴向偏移运行方式 CAOC。

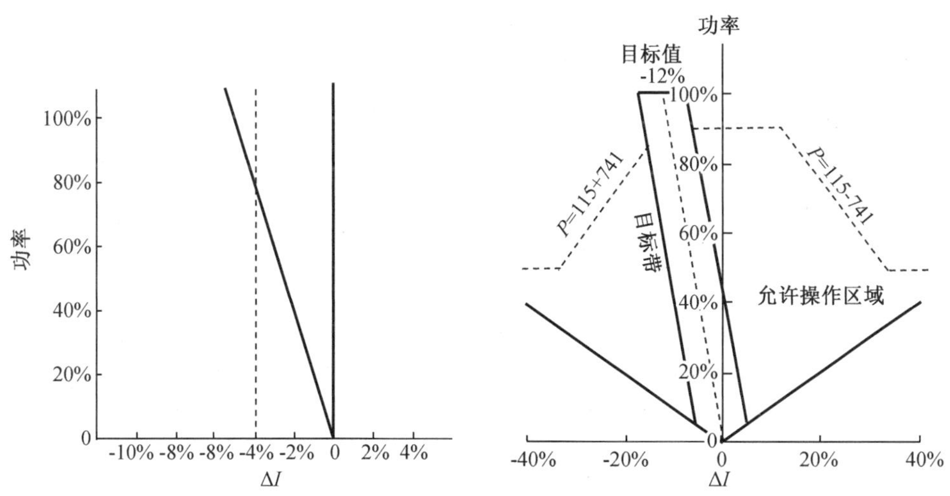

图 2.21 反应堆正常运行时，轴向功率偏差

4. 堆芯功率分布测量系统

用堆外核测仪表系统能够大致测量堆芯功率分布，而用堆内核测仪表可精准地测量堆芯功率分布。

（1）堆内核测仪表系统

堆内核测仪表系统由燃料组件出口热电偶及可移动中子探测器组成。

热电偶装在所选择的燃料组件出口末端用来测量从组件流出的冷却剂温度，利用燃料组件出口温度来表示堆芯区域积分功率，所以，其读数将提供径向功率分布信息。

第二个确定通量分布的方法是用堆内可移动探测器，把它们插到燃料组件测量导向管里进行测量，将其测量数据进行离线处理，得到三维通量分布图。

从堆芯核测仪表系统所得到的数据可用来与预计的轴向通量分布比较。

（2）堆外核测仪表系统

堆外核测仪表系统用安装在堆芯外部的四个独立的成对探测器来监测堆芯核功率，如图 2.22 所示。在反应堆周围每 90°装一对探测器，每一对探测器中有一个探测器装在堆芯上部，而另一个装在堆芯下部，这样每个探测器监视反应堆体积的1/8。

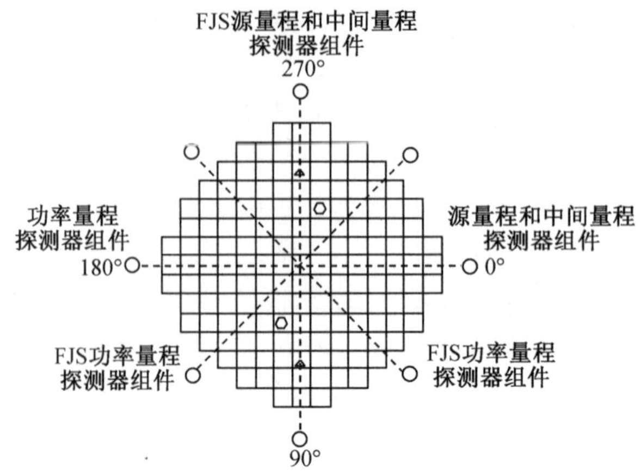

图 2.22 堆外核测仪表布置

探测器顶部和底部的功率信号之和是反应堆总的核功率信号。

5. 堆芯功率分布监测

为保证反应堆正常运行(Ⅰ类工况)和一般事故(Ⅱ类工况)事件下燃料的完整性要求如下。

(1)在正常运行和短时间瞬态情况下保证堆芯的最小烧毁比DNBR>1.3。

(2)限制裂变气体释放，燃料芯块温度和燃料包壳机械性能在设定的设计准则内。此外，对Ⅰ类工况下线功率密度峰值的限制，保证LOCA分析中假设的初始条件得到满足，同时应急堆芯冷却系统的验收准则是燃料包壳温度和限值不会突破。

①核热管因子 $F_Q^N(Z)$

$$F_Q^N(\mathrm{Z}) \leqslant \left|\frac{3.016}{P}\right| \cdot K(Z) \quad P>0.5$$

$$F_Q^N(\mathrm{Z}) \leqslant 6.03 \cdot K(Z) \quad P\leqslant 0.5$$

其中，$P=\dfrac{\text{热功率}}{\text{额定热功率}}$；$K(Z)$表示与堆芯高度有关的热管因子极限系数。

a. 核焓升热管内子 $F_{\Delta H}^N$

$$F_{\Delta H}^N \leqslant 1.67[1.0+0.2(1-P)]$$

b. 象限功率倾斜比QPTR

象限功率倾率比QPTR不得超过1.02。

c. 轴向通量偏差 ΔI

轴向通量偏差 ΔI，在50%额定热功率以上运行工况，轴向通量偏差指示值必须保持在轴向通量目标值 ΔI_{ref} 的±5%范围内。

②DNB

与DNB有关的参数必须保持在如下限值范围内。

a. 反应堆冷却剂平均温度在加上测量仪表的不准确性后，T_{av} 小于或等于规定值。

b. 稳压器压力在减去测量仪表的不确定性后≥15.0 MPa。

c. 反应堆冷却剂总流量在减去测量仪表的不确定性后大于或等于规定值。

6. 堆芯功率分布监测

每 31 EFPD 至少进行一次堆芯功率分布测量。反应堆热功率大于 75%额定功率，且氙平衡，对氙平衡在线的测量数据进行离线处理，得到燃料组件的相对功率分布 F_Q^N、F_{XY}、$F_{\Delta H}^N$、AO、QPTR 等数据，确认这些因子在允许范围内。

在堆芯功率分布不正常时，控制棒位置指示不正常现象发生，有危及堆芯运行安全的可能时，可以附加进行堆芯功率分布测量，以确认堆芯的安全并提供验证堆外核测仪表正确指示。

(1) 轴向功率偏移 AO(或 ΔI) 监测

当功率超过 15%额定功率时，至少每 7 d 对每个可运行的核测通道指示的轴向功率偏差进行一次计算。

每 31 EFPD 由堆芯功率分布测量结果，给出堆芯轴向功率偏移 AO 值，并对堆外核测仪表的轴向通量偏差 ΔI 目标值更新一次。

每 92 EFPD 对堆外核测仪表的轴向通量偏移测定一次(热功率大于 75%下稳定运行，且氙平衡，进行堆内外核测仪表校正试验)。

(2) F_Q^N、$F_{\Delta H}^N$、F_{XY} 监测

每 31 EFPD 进行一次堆芯功率分布测量，用 incore 程序处理测量结果，所得结果附加测量误差后，与运行限制进行比较，确认这些因子在运行允许值范围内。

(3) QPTR 监测

当堆在超过 50%额定功率下运行时，至少每 7 d 计算一次 QPTR。

(4) DNB 监测

每周检查一次与 DNB 有关的参数、反应堆冷却剂平均温度 T_{av}、稳压器压力、一回路流量、确认 DNB 在技术规格书规定的限制范围内。

上述参数的详细监测要求参见相关技术规格书。

2.1.5 堆芯的燃耗特性

随着反应堆的运行，燃料组件中的^{235}U、^{238}U 和^{239}Pu 等同位素成分不断变化，裂变产物不断生成与积累，固体可燃毒物数量也不断消耗，造成堆芯临界硼浓度、功率分布、多普勒温度效应、慢化剂温度效应、控制棒价值等发生改变，氙中毒反应性效应和钐结渣反应性效应等也有一定改变。中子动力学参数，诸如缓发中子份额 β_i、缓发中子先驱核衰变常数 λ_i 等都有一定变化。本章讨论几种主要的燃耗效应。

1. 临界硼浓度变化

堆芯的临界硼浓度主要由燃料装载量和可燃毒物棒装载量决定。燃料平均加入浓度主要由需要的燃耗寿期长度决定。核裂变造成可裂变核素减少和裂变产物的积累，某些裂变产物较强烈地吸收中子。另一方面燃料内^{238}U 经非裂变吸收可转变为^{239}Pu 等，燃料组件内的固体可燃毒物随核裂变进程而减少，这几方面因素的综合作用造成了堆芯增殖因子的变化。典型的堆芯临界硼浓度随平均轴燃耗深度变化曲线如图 2.23 所示。

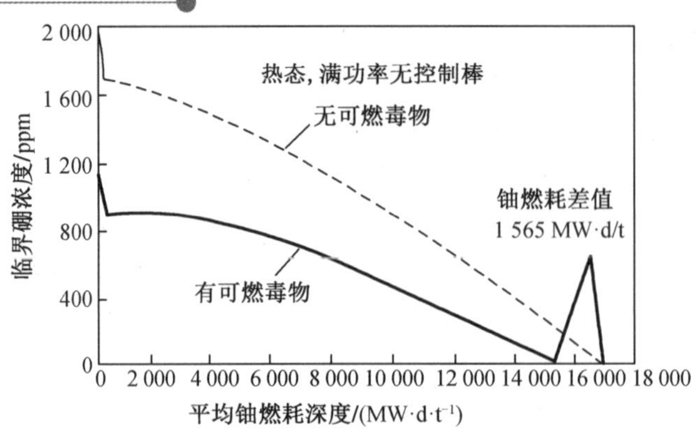

图 2.23 典型的堆芯临界硼浓度随铀平均燃耗深度变化曲线

对于堆芯内有固体可燃毒物装载的燃耗寿期,堆芯初始临界硼浓度较低,使慢化剂温度系数为负值,如图 2.23 中曲线所示。

反应堆的临界硼浓度随燃耗的变化曲线是反应堆运行计划的重要依据。在运行时应监测临界硼浓度的实际值,并与理论设计值进行比较。如果实际测量的临界硼浓度与理论设计值相差大于或等于 100 ppm,则理论设计值应重新审查,重新计算,以使结果与实际测量值相符。

2. 功率分布变化

随着堆芯燃耗过程的进行,堆芯内各燃料组件的增殖因子不断变化,造成堆芯三维功率分布变化。

燃料效应对轴向功率分布总的影响趋势是:寿期的后期上半部堆芯功率份额有所增加,因为寿期初下半部堆芯燃耗速率比较快,这个区域的中子增殖性能变差。

这里需要指出的是,在堆芯换料和设计阶段,应该应用精确的程序计算出堆芯功率分布,以提供堆芯安全分析用的功率分布各项因子,如 F_Q^N、$F_{\Delta H}^N$ 等。在反应堆运行时,应按电站技术规格书的规定,定期测量热态满功率稳定状态下的堆芯功率分布,以验证计算得到的功率分布诸特征因子。如某核电站每 31 EFPD 要进行一次堆内功率分布测量,以证明堆芯特性满足安全要求。堆芯功率分布随燃料的变化与该燃料循环的初始组件布置有关,还与堆运行功率水平、控制棒插入深度变化等密切相关。

3. 温度系数、功率系数变化

温度系数分为燃料多普勒温度系数和慢化剂温度系数两种。功率系数主要由多普勒温度系数和慢化剂温度系数合成。在反应堆运行过程中,因为临界硼浓度的变化,慢化剂温度系数变化很剧烈,一般慢化剂温度系数从寿期初的 0~10 pcm/℃变化到寿期末的-45~-55 pcm/℃。在寿期末,慢化剂温度系数变得很负,这对堆芯的运行安全有时是不利的,因为冷却剂温度的突然降低,例如一回路冷水事故或二回路主蒸汽管道断裂事故等会导致快速的正反应性添加,可能会造成严重的事故后果,所以当临界硼浓度下降到 300 pcm 以下时,技术规格书规定,每 7 EFPD 进行一次慢化剂温度系数测量,证实其数值满足技术规格书的要求。

寿期内燃料温度系数变化的主要原因是:^{238}U 的贫化和 ^{240}Pu 的积累、氦间隙热导的变化、燃料密度效应及包壳的蠕变。

^{238}U 的快裂变和^{238}U 转换成^{239}Pu,都减少了^{238}U 的量,但^{238}U 的减少几乎为^{240}Pu 的产生所补偿,而^{240}Pu 在 1 eV 有一个 105 b 的强共振吸收峰。

在寿期末,由于^{240}Pu 的积累使得多普勒温度系数在较低温度时变得更负,因此,在 EOL 温度低时,多普勒系数更负。

当燃料有效温度高时,寿期末多普勒温度系数负得较少。这是因为^{240}Pu 的共振截面在温度高时有重大减少,而^{240}Pu 的自屏效应不明显,多普勒共振展宽不引起吸收更多中子,所以^{238}U 的贫化比^{240}Pu 积累更重要。

燃料多普勒功率系数除了与多普勒温度系数有关外,还与燃料有效温度变化有关。燃耗增加时,裂变气体增加,使燃料棒间隙内氦气热阻增加,燃料密度变化效应增大了氦气的间隙,又增加了热阻,结果使 EOL 的有效燃料温度变化大。

包壳蠕变是影响给定功率下有效燃料温度的首要因素。包壳蠕变使燃料包壳皱缩,与燃料芯块接触,使热阻减少,燃料有效温度变化显著减少。

燃料有效温度随功率变化速度下降是影响多普勒功率系数的首要因素。因此寿期末多普勒功率系数比寿期初负得少。

慢化剂温度系数随燃耗的增加明显变负,这主要是因为随着堆芯燃耗增加,堆芯临界硼浓度不断变小,而硼对慢化剂温度系数是正贡献。

4. 氙效应、钐效应变化

核裂变产物中氙和钐的燃耗效应要考虑。在核设计中,应给出氙中毒及氙致碘坑曲线在寿期初、中、末的值。一般说氙的反应性效应随燃耗的变化不大,平衡中毒值及碘坑底部反应性变化约百分之几。因此对某些堆芯,可粗略认为它们不随燃耗变化。钐在燃料寿期初有一个逐步增长过程,在达到平衡钐值以后,它不随燃耗变化。

5. 棒价值、硼价值的变化

堆芯相对通量分布随燃耗变化很大,这造成控制棒的微分价值、积分价值随燃耗而改变。棒组微分价值主要受相对轴向通量分布的影响,图 2. 24 是热态满功率平衡氙条件下的 BOL、EOL 重叠棒组价值曲线。

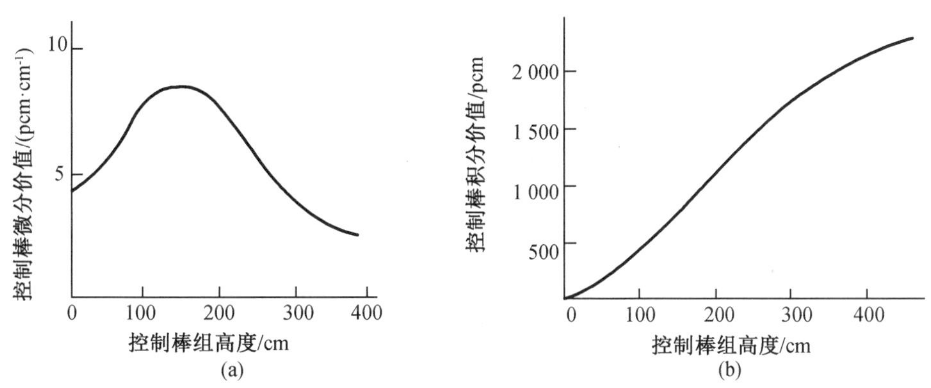

图 2. 24 热态满功率平衡氙条件下的 BOL、EOL 重叠棒组价值曲线

堆芯硼微分价值曲线如图 2. 25 所示。硼的微分价值随硼浓度的增高而幅值减小,这是因为硼是良好的热中子吸收体,硼浓度高时,中子谱发生硬化,使硼吸收作用降低。随着燃耗、临界硼浓度降低，所以硼的微分价值负得多一些。当堆芯燃耗增加时，燃料内裂变碎片也会增加，从而亦会使中子谱硬化，因此，燃料裂变碎片效应使硼微分价值随燃耗而幅值减小。综合以上两种效应，随着堆芯燃耗加深，核电站的硼微分价值随燃耗增加，其幅值是减小的。

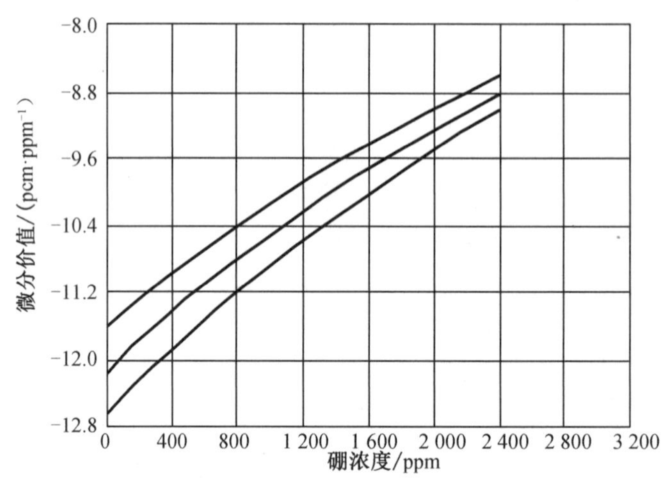

图 2.25　堆芯硼微分价值曲线

6. 中子动力学参数的变化

因为钚的缓发中子份额比铀的小，所以随着铀的消耗和钚的积累，堆芯缓发中子有效份额随堆芯燃耗增加而减小。表 2.1 是某核电站第一燃料循环中子动力学参数。

表 2.1　反应堆中子动力学参数

组号	BOL：$\lambda=2.11\times10^{-5}$ 缓发中子有效份额		EOL：$\lambda=2.46\times10^{-5}$ 缓发中子有效份额	
	β_{ieff}	λ_i/s^{-1}	β_{ieff}	λ_i/s^{-1}
1	0.000 209	0.012 4	0.000 158	0.012 6
2	0.001 44	0.030 7	0.001 15	0.030 6
3	0.001 33	0.114	0.001 04	0.117
4	0.002 74	0.309	0.002 08	0.316
5	0.000 918	1.202	0.000 723	1.22
6	0.000 327	3.212	0.000 266	3.29
公式	$\sum_{i=1}^{6}\beta_{ieff}=0.006\ 96$		$\sum_{i=1}^{6}\beta_{ieff}=0.005\ 42$	

2.1.6　停堆深度计算

1. 概述

反应堆处于稳定功率运行时，堆芯的净反应性为零，有效增殖因子（K_{eff}）为 1。停堆状态下，有效增殖因子随许多其他参数在变化。停堆时，反应堆要保持足够的停堆反应性，以防止意外临界。技术规格书中规定了各种状态下的停堆裕度。

为了能精确描述堆芯当时的反应性状态,并预计状态的变化,需要确认以下信息。

(1)反应堆最后一次临界时的状态。

(2)反应堆最后一次临界后反应性的变化。

(3)所要求的反应性状态。

2. 参考反应性数据

为了精确确定停堆时的反应性,必须建立一个已知反应性的堆芯作为参考状态,虽然反应堆任何时刻都可以作为这种参考点,但采用停堆前最后时刻的状态作为参考点,可使计算简单些,参考状态的反应性为零时刻的反应性。

参考反应堆状态的参数是指停堆前最后时刻($K_{eff}=1$)反应堆参数,包括停堆前稳定功率水平,运行时的控制棒位、堆功率及硼浓度等,见表2.2。

表2.2 参考反应堆状态参数

序号	参数	单位
1	停堆时间	h
2	停堆前的功率水平	%
3	停堆前控制棒位	步
4	停堆前冷却剂硼浓度	ppm
5	停堆前冷却剂平均温度 T_{av}	℃

停堆后,硼、氙、钐浓度及堆温度等变量是变化的,每个变量的任何变化都将引入反应性变化。停堆时,由于温度变化引入的反应性都将以功率亏损反应性记录下来。要记录停堆时硼浓度,以便能够计算停堆后硼浓度变化引入的反应性。为了确定停堆后氙和钐的反应性变化,需记录功率运行史和停堆时间。

确定氙反应性用的功率运行史是指停堆前36 h中每一小时的平均功率。用权重因子确定每一小时产生的氙的相对价值。加权平均功率之和除以权重因子之和得到氙等效功率水平,以此计算停堆后的氙反应性。

钐反应性的等效功率计算类似于氙等效功率计算。由于钐在停堆后不消失,而且从钷衰变继续产生,所以这项计算实际上是确定停堆后由钷造成的钐浓度。因为钷的半衰期(53.1 h)比氙(9.1 h)或碘(6.7 h)大得多,所以确定等效钐功率必须考虑停堆前更长的一段时间,钐等效功率计算要用停堆前8 d的平均功率。

因为钐等效功率是按天计算的,但停堆这天未必24 h都运行,所以这天的权重因子只按12 h运行考虑。权重因子之和除以加权平均功率之和就是钐等效功率水平。

2.1.7 临界状态估算(ECC)

反应堆停堆后恢复临界由反应性平衡计算来指导。通过反应性计算预计临界条件。这种反应性平衡计算要求控制棒置于预期位置时净反应性为零。这种估算与确定停堆裕度类似,把启动时的反应性与参考状态反应性比较,但对ECC来说,是调整硼浓度以使控制棒在预期的位置净反应性为零。

临界状态估算是操纵员预期启动期间反应堆响应的一种手段，让反应堆在预计的临界棒位下达到临界。若在此棒位附近不达临界，则操纵员必须研究是计算错了还是发生了未被预料的反应性变化。技术规格书规定：预计临界棒位高度必须在控制棒插入极限之上，并在控制棒提升极限之下。

由于反应性计算的误差，实际和预计的临界棒位有一定的误差，预计的临界棒位容许误差范围±500 pcm，若不在最小和最大棒位之间达临界，则必须查出原因。选择预计棒位时还要考虑反应性发生变化，若是在氙积累期进行启动，则选择较低的临界棒位，以保证控制棒还有足够的反应性补偿氙的积累。

因为临界状态估算是计算将来某一时刻的反应性状况，所以在记录参考反应性数据之后，随时都可以进行 ECC 计算。若启动不在预定时间前后一小时间进行，除非停堆时间超过 80 h，否则必须进行新的 ECC 计算。因为停堆时间氙反应性不再变化。ECC 计算中考虑的反应性是氙、钐、控制棒、T_{av} 和硼浓度。

2.1.8 反应堆启动

1. 反应堆启动条件

试验和检查反应性控制棒的功能、保护系统的功能、监测装置的功能等各方面，使其满足核安全的要求，才可以进行反应堆初始装料和换料后的启动。

初始装料和换料后反应堆启动的要求条件略有不同，但确保反应堆启动的核安全是相同的。

2. 首次临界试验

(1)引言

首次临界试验的目的是将装料后的反应堆首先引入临界状态，然后确定零功率物理试验的中子通量水平。

由于硼酸在慢化剂中的分布是均匀的，所以改变一回路冷却剂中硼浓度时，不会像控制棒那样，对堆内通量产生局部扰动。压水堆通常采用提棒、连续稀释向临界逼近，最后分段提棒向超临界过渡。

(2)首次临界试验程序

①提升控制棒

按规定先提升控制棒组中的安全棒，然后再提调节棒组，提升调节棒组按重叠提棒方式。当调节棒组 T4 提升到积分价值约为 100 pcm 的插入位置时，停止提棒。在提棒过程中以及提棒后，要密切注意核测量系统源量程测量通道的中子计数和周期表的周期指示，并且根据中子通量的变化情况，随时调整控制棒组的提升速度。每提升若干步(步数由反应性的每次增加量来确定)，应等待一段时间，测量中子计数，作棒位和计数率倒数曲线。从曲线外推来预计临界值，在确保安全的前提下，再进行下一步操作。

②减硼向临界接近

减硼操作是通过化学和容积控制系统的上充泵，将补给水以规定的流量注入堆芯，并将相同数量的冷却剂排向硼回收系统。

③次临界下刻棒

在临界试验中，当反应堆处于接近临界的次临界状态时，可用计数率外推法对控制棒组做初刻度，以检验控制棒的性能。

这时，由于堆内有外中子源，如果刻度试验开始时，反应堆的次临界设为$(1-K_{eff})$，则探测器的中子计数率 n_1 为

$$n_1 = K \cdot \Phi_1 \alpha \frac{S}{1-K_{eff}}$$

式中 Φ——中子通量；

K——比例系数。

接着，待刻的控制棒组插入堆芯，中子通量分布稳定后，在同一探测器上，测量的计数率 n_2 为

$$n_2 = K \cdot \Phi_2 \alpha \frac{S}{1-(K_{eff}-\Delta K)}$$

比较上面两式，可以得出：

$$\Delta K = \left(\frac{n_1}{n_2}-1\right)(1-K_{eff})$$

这里，ΔK 即为所刻的控制棒组价值，刻度结果很粗糙，误差较大。

④提棒向超临界过渡

减硼操作到反应堆次临界度约为 50 pcm 时，提调节棒 T4 向超临界过渡。这时有可能出现下面两种情况。

a. 最后一次减硼操作，经充分混合后，提 T4 棒组，反应堆达临界。这时，可通过微调 T4 棒组（中子通量水平不短于 60 s 周期），提升堆功率到零功率规定水平，然后插入调节棒组到刚好使反应堆临界的棒位。

b. 减硼稀释后，如果按规定速率提 T4 棒组到抽出极限，反应堆仍未临界，则必须重新插入 T4 棒，再以 15 ppm/h 速率继续稀释、重复上述操作步骤，直至出现正周期为止。然后，提升功率到零功率水平。

（3）零功率物理试验的功率水平测定

进行零功率物理试验时，如果功率水平过低，核测仪表的噪声信号较强。如果功率水平过高，燃料棒的温度效应将影响试验结果。为此必须通过测量来决定零功率物理试验水平的上限。

试验时，在临界状态下，提 T4 棒组，引入一相当于周期为 100 s 左右的正反应性，堆功率将上升，观察核测仪表记录中子通量增长情况，在记录曲线上，如出现中子通量不按指数规律上升的趋势时，表明堆内开始产生核加热效应（即多普勒效应）。因此，将出现多普勒效应的中子通量水平确定为零功率物理试验的上限值。从上限值下降 1~2 级的中子通量水平，在此水平下反应性仅在 50 pcm 档位反应性指示稳定，则确认该中子通量水平为零功率物理试验的功率水平。若反应仪在 50 pcm 档位，反应性指示不稳定，则需调 T4 棒组，提高中子通量水平（不能超过上限值），直到反应性指示稳定，并将此中子通量水平定为零功

率物理试验功率水平。

3. 恢复临界

在运行过程中,因停堆检修等原因,堆重新启动时的状态属于恢复临界。反应堆经过首次临界后,已精确知道堆的临界硼浓度和临界棒位。恢复临界前,按停堆前实际运行工况和停堆时间,计算出预计的临界硼浓度和控制棒组位置。

稀释前,先提安全棒,安全棒到顶后,再将反应堆冷却剂中的硼浓度稀释到预计的临界硼浓度。稀释过程中,一回路冷却剂温度应该保持不变,稀释速率不大于 250 ppm/h。当确认一回路冷却剂的硼浓度已达到预计临界硼浓度,停止稀释,取水样分析。

待一回路硼浓度和稳压器硼浓度之差不超过 50 ppm 后,接着提棒达临界。提棒方式仍按重叠棒组方式。当源量程中子通量计数率增加到原计数率 2 倍时。停止提升控制棒。再添加使中子计数率增加 1 倍的反应性,反应堆即达临界。继续提升控制棒,使反应堆达临界,当控制棒停止提升后,周期表出现稳定周期或源量程表指示稳定上升时,堆已超临界。

稀释硼和提升棒过程中,要密切注意源量程计数率变化,同时还应注意周期表指示,严防出现临界事故。

4. 启动注意事项

反应堆在达临界过程中,提棒和稀释硼不能同时进行。在提棒(或稀释硼)过程中,若定期测量的硼浓度(或棒位)和温度发生明显变化时,停止试验,待查明原因才能继续进行试验。

稀释硼前的提棒阶段,反应堆不应该发生临界。提棒过程中,如果发现控制棒完全提出后,反应堆会临界,则停止提棒。分析原因如下。

稀释硼或提棒向临界逼近时,应该经常监视源量程通道的计数率,定期进行外推。当一个源量程通道的计数率突然出现超过二倍的变化,就停止稀释或提棒,查明原因,在未判明是否威胁电站安全前,不能继续进行临界操作。

稀释硼过程中,如果核监测数据表明与预见值有明显偏离时,应该停止稀释,直到找到原因,并且改正以后,或证明这并不影响安全时,才能继续稀释。

提棒向超临界过渡时,倍增周期不得小于 30 s。

恢复临界过程中,如果调节棒组 T4 已提到顶,反应堆仍未临界,这时应该插入所有调节棒组(T1 ~ T4)。重新预计临界硼浓度和棒位。当实际临界棒位超出预计临界棒位 ±500 pcm 的限值棒位时,必须查明原因,然后才能继续提升功率,否则插入所有调节棒组。

2.2 核动力装置运行限值和条件

核动力装置的运行必须遵守国家核设施核安全部门批准的运行限值和条件,以确保运行限值和条件的贯彻执行。

在核动力装置运行限值和条件中,必须对核动力装置的启动、功率运行、停堆等各种正常运行方式,对紧急情况下的运行方式,以及预计事件要求做出规定。制定运行限值和条件时,必须考虑与核动力装置运行有关的技术问题以及运行人员应采取的行动和应遵守的限值。同时,核动力装置运行人员应具有有关标准所要求的资格。

为保证核动力装置是在所规定的运行限值和条件的范围内运行,必须对运行限值和条件规定监督要求。这些监督要求应包括为保证运行限值和条件所涉及的设备、部件的可运行性、性能或过程状态,及其整定值或指示值的正确而进行的定期校检、试验、标定检查以及监督周期。

运行限值和条件按其性质分为以下几类:安全限值、安全系统整定值、正常运行限值和条件、特殊条件下的运行限值和条件、监督要求、定期试验要求。

2.2.1 安全限值

安全限值的确定应以防止核动力装置发生不可接受的放射性物质释放为依据。基本的安全限值应包括燃料温度、燃料包壳温度和反应堆冷却剂压力的实际限值。

必须限制燃料温度和燃料包壳温度,以保证燃料元件的破损是在可接受的程度以内。安全限值通常应当用燃料和(或)燃料包壳温度的最大可接受值表示。反应堆冷却剂系统压力的安全限值必须根据设计压力和系统温度的关系来确定。

2.2.2 安全系统整定值

对于安全限值中的参数以及影响压力或温度瞬变的其他参数或参数组合,都应选定安全系统整定值。当某些参数达到整定值时应能分别引起保护动作,或者某些自动装置动作以及专设安全系统投入运行,以限制预计瞬态过程,防止超过安全限值或减轻事故的后果。设置的安全系统整定值典型参数、运行事件和保护参数主要如下:

(1)中子通量密度及其分布(启动区段、中间区段和功率区段);

(2)中子通量密度变化速率;

(3)反应性保护;

(4)轴向功率分布因子;

(5)燃料包壳温度或燃料通道冷却剂温度;

(6)反应堆冷却剂温度:

(7)反应堆冷却剂升温速率、降温速率;

(8)反应堆冷却剂系统压力;

(9)稳压器水位;

(10)反应堆冷却剂流量;

(11)反应堆冷却剂流量变化速率,

(12)反应堆冷却剂泵故障;

(13)安全注射;

(14)蒸汽发生器水位;

(15)主蒸汽管道隔离、主汽轮机脱扣和给水隔离;

(16)正常电源断电;

(17)小蒸汽管道的辐射水平,

(18)各区域辐射水平及空气污染水平;
(19)安全壳压力、温度和安全壳喷淋系统;
(20)安全壳负压系统;
(21)二回路蒸汽压力排放。

2.2.3 正常运行限值和条件

规定正常运行限值与条件的目的是保证核动力装置的安全运行,使安全系统处于备用状态,以确保核动力装置安全运行。直接运行人员必须熟知运行限值和条件内容,并严格遵守。在核动力装置运行寿期内,可根据技术发展的情况和装置的技术状况进行运行限值,但若复审需要改进修订时,须按文件修订程序进行审批与认可。正常的运行限值和条件,不得损害安全系统的有效性,并应与规定的安全系统整定值之间留有可接受的裕量。应设置适当的报警,在运行参数达到安全系统整定值之前,使操纵人员能采取适当的纠正措施。在各种正常运行方式中,应根据核动力装置的可运行性要求,对处于运行状态或备用状态的重要安全系统和设备的数目做出规定。当可运行性要求不能达到预期程度时,必须采取相应的措施,如降功率或停堆。当需要停止某个安全系统中的一个设备时,需要证实安全系统逻辑仍符合设计规定。

在正常运行方式下,反应堆冷却剂温度(最低或最高)和温度变化率必须运行在规定的限值内;反应堆冷却剂系统压力在各种正常运行方式下必须控制在反应堆冷却剂系统容许运行压力的限值内;反应堆功率必须在考虑中子通量密度分布的基础上确定反应堆功率的限值,以保证不超过燃料温度的安全限值。

运行中,必须满足各系统规定运行安全限值符合其要求。这些要求包括阀门的可运行性、冷却剂注射与循环的充分性、管道系统的完整性,以及安全注射系统所需水源容量的特定限制。

为确保各系统能连续工作,还必须规定应急电源系统和其他辅助系统(如设备冷却系统和通风系统)运行安全要求。为确保释放到环境中的放射性物质不超过可接受的限值,还必须考虑和规定应急系统在事件后长期使用的能力。

运行中必须按照蒸汽发生器规定的运行安全要求来进行,其中还应包括遵照应急给水系统,蒸汽系统及其安全阀、隔离阀的运行安全限值要求,对水质、水位、最小热交换能力等进行有效控制。同时还必须执行二回路蒸汽压力排放系统规定运行限值要求。

在运行中必须对正反应性引入速率进行有效的控制,并通过反应性控制系统不超过运行限值。

对各种正常运行方式下反应性控制装置及其位置指示器按照可运行性要求,应包括多重性、多样性,装置动作的正确顺序、时间等运行安全要求。为保证核动力装置运行的机动性,还必须按照功率调节系统可运行性要求和调节特性品质指标要求,确保可靠的功率调节能力。

2.2.4 特殊条件下的运行限值和条件

特殊条件下的运行限值和条件只适用紧急情况,一旦条件允许,应立即恢复到正常运行工况。

核动力装置必须按照在不同运行工况下反应堆所允许的冷却剂温度的最高限值，控制反应堆功率运行，在确保燃料温度不超过安全限值，并考虑中子通量分布、燃料温度和燃料包壳温度的同时，还必须遵守特殊运行工况下反应堆所允许超功率运行的最高功率限值。

在不同燃耗寿期下，如果任意一组或两组控制棒因故障不能按预定要求动作，必须按照反应堆所允许运行的最大功率限值运行。

当反应堆采用单环路运行和(或)主蒸汽管线单供汽时，必须按照单环路运行和系统、设备和部件的可运行性要求以及反应堆所允许的功率、冷却剂温度和蒸汽流量等极限值运行。

2.2.5 监督要求

核动力装置运行单位必须按规定对正常运行限值和条件、特殊条件下的运行限值和条件的系统或部件进行监督和管理。这些监督和管理必须包括试验、标定、监测或检查，以保证满足所规定的运行限值和条件。同时，核动力装置运行单位还必须按照国标的要求进行检查，以核实核动力装置的运行是否遵守所批准的运行限值和条件。

2.2.6 定期试验要求

为了在运行期间对核动力装置设备与系统的完好性进行确认，需要对反应堆及其辅助设备、汽轮机发电机组、专设安全设施等定期进行检验和试验，以便对其性能和质量做恰当的验证。为有计划地安排试验，减少因试验和检验而影响核动力装置的运行与维修，应做出总的试验计划时序表，并按此执行。

根据具体情况，试验可包括监督性检查试验和检修后的试验。对一些重要试验项目核动力装置的管理部门和核安全监督机关均应参加见证。一般性的试验只要求查阅试验记录加以确认。检查和试验结果应形成文件，并经授权人员审评以确认满足所有要求，试验报告的内容应包括数据记录、发现的问题、采取的措施、试验或检验后的状态及验证负责人的确认签字。

2.3 核电站运行

2.3.1 核电站启动——从冷停堆至100%额定功率

1. 初始条件

(1)反应堆及反应堆冷却剂系统

①反应堆冷却剂系统(包括稳压器)已全部充满水，放气完毕，为水实体状态，压力维持在规定范围。

②反应堆冷却剂内的硼浓度为冷停堆时的硼浓度或换料硼浓度(2 400 ppm)。

③反应堆冷却剂温度保持在60 ℃以下。

④两台主泵完好，可运行，但处于停止状态。

(2)化学容积控制系统(化容系统)

①化容上充、下泄系统在正常运行中，以维持一回路反应堆冷却剂系统压力和供给主泵轴封水。

②化容系统内所有净化床处于硼饱和状态。

③容控箱内由氮气覆盖，压力维持在限制范围内。

④硼酸暂存箱有充分的容积，以接收主回路升温时排出的多余冷却剂。

(3)停冷系统

停冷系统与主回路构成环路，一个停冷系列在运行，以载出反应堆的衰变热，保持反应堆冷却剂系统温度在 60 ℃以下。通过不运行的余热排出系统序列，低压下泄回路投入运行。

(4) 安全注射系统和喷淋系统

①安全注射信号已手动闭锁。

②安全注射系统已处于安全注射备用状态，但安注泵电源断。

③安注箱出口隔离阀关闭，电源断。

④安全壳再循环地坑出口阀关闭且断电。

⑤安全壳喷淋系统为备用状态，喷淋泵电源断。出口隔离阀关闭并断电。

⑥维持换料水箱水位、硼浓度在规范范围内。

(5) 反应堆补给水系统

①反应堆补给水箱备有充足的补给水。

②硼酸贮存箱备有充足的 7 000 ppm 的硼酸水(每只硼酸贮存箱液位≥2.5 m)

③反应堆补给水系统控制器置于自动补给工况状态。

(6)主蒸汽系统

两台蒸汽发生器宽量程水位指示在规定范围内。

主蒸汽隔离阀和主蒸汽隔离阀的旁通阀关闭，主蒸汽隔离阀前疏水阀打开。蒸汽发生器大气释放阀前电动隔离阀打开，大气释放阀置自动。设定值在对应反应堆冷却剂系统 280 ℃时对应蒸汽发生器二次侧压力值。

(7)给水系统

可以通过辅助给水系统给蒸汽发生器供水。

2. 限值和注意事项

(1)技术规范限值

①任何时候，当反应堆冷却剂的硼浓度发生变化时，至少要有一台主泵或一台停冷泵在运行中。

②任何情况下，当反应堆冷却剂平均温度超过 60 ℃时，至少有一台蒸汽发生器必须是可运行的。

③当反应堆压力壳的顶盖还在压力壳上时，至少要有一个稳压器安全阀是可运行的。

④任何时候，一旦反应堆冷却剂温度达 180 ℃或当反应堆冷却剂系统没有和停冷系统连通时，稳压器的两个安全阀都应是可运行的。

⑤反应堆冷却剂的温度、压力组合必须遵照技术规范所规定的曲线要求(见附图A.1),即:

a. 对某一特定的温度变化率,允许的温度和压力的组合都必须在该限定曲线的下面和右边。

b. 一回路反应堆冷却剂系统升降温速率不能超过限值。

c. 一回路反应堆冷却剂系统正常升降压速率应在规定范围内。

⑥稳压器升温和冷却速率不能超过限值。稳压器内温度和喷雾水温度间的温差不得超过规定范围。

⑦当反应堆冷却剂温度超过 82 ℃时,其冷却剂的水化学限制不得超过技术规格书中的相关规定。

⑧当反应堆冷却剂温度在 82 ℃以下时,其水质不应超过以下最大限值(表 2.3)。

表 2.3 冷却剂水质限值

杂质名称	正常浓度/ppm	瞬态浓度 ppm/不超过 48 h
O_2	饱和浓度	饱和浓度
Cl	≤0.10	≤0.15
F	≤0.10	≤0.15

假如超过以上限值,就必须立即将反应堆冷却剂系统冷却到冷停堆工况,并设法纠正。为降低杂质浓度,以满足以上要求,短期启动主泵使冷却剂温度均匀是允许的,但由此会引起冷却剂温度的上升,温度不得超过 82 ℃。

⑨在满足以下所有条件前,反应堆冷却剂温度不应超过 180 ℃。

a. 八个主蒸汽安全阀必须可运行。

b. 三台辅助给水泵都是可运行的。

c. 与上述设备直接相关的系统设备管道和阀门都是可运行的。

d. 供辅助给水泵用水的应急水箱必须是可使用的,并保证水箱水位在规定范围内。

e. 任一台蒸汽发生器二次侧的等效 I-131 剂量当量比活度应小于规定值。

(2)各部分注意事项

①反应堆冷却剂系统

a. 反应堆冷却剂必须按规定定期取样,确保水质符合规定。

b. 当停冷系统运行时,反应堆冷却剂温度不得超过 180 ℃,压力必须限制在规定范围内,以防止停冷系统超压。

c. 反应堆冷却剂的升温速率和冷却速率不得超过限值。

d. 稳压器内硼浓度与冷却剂硼浓度的差值不得超过限值,否则必须打开稳压器喷雾阀进行搅匀。

e. 在稳压器形成汽腔前,不能关闭停冷系统的入口隔离阀,以保证反应堆冷却剂系统在水实体情况下,可以通过停冷系统的入口安全阀释放过高的压力。

f. 反应堆冷却剂系统在水实体情况下，其压力通过低压下泄管线的压力控制阀控制。

g. 当两台主泵全部停止运转超过允许时间，而反应堆冷却剂的温度又大于上充和轴封水温度时，在稳压器没有建立汽腔的情况下，启动第一台主泵必须慎重。温差较大时，禁止启动主泵，防止在主泵启动时由于充入冷却剂系统内的较冷的水受热膨胀而产生较大的压力波动。

h. 当两台主泵停止运转后，而反应堆冷却剂又被停冷系统所冷却，这样在反应堆冷却剂系统中就会形成不均匀的温度分布。同样，在稳压器形成汽腔前，如温差较大，不能启动主泵。

i. 当反应堆冷却剂温度超过 70 ℃时，必须至少有一台主泵在运行。

②稳压器

a. 在稳压器喷雾阀管线上必须维持一股连续的流量，以均匀稳压器和反应堆冷却剂间的水质，防止稳压器和喷雾管线受到热冲击。

b. 当稳压器液相温度和喷雾流体间的温差大于 144 ℃时，禁止打开正常喷雾阀。

c. 稳压器液相温度和辅助喷雾流体的温差限制在 180 ℃以下。

d. 当稳压器压力控制系统在“自动”时，严禁单独将比例加热器的控制从“自动”切至“手动”。如果需要将比例加热器从“自动”切至“手动”，必须首先将比例喷雾阀和动力卸压阀从“自动”切至“手动”。

③稳压器卸压箱

a. 在核电站启动前，必须确认稳压器卸压箱的爆破膜完好。

b. 假如稳压器卸压箱已出现高温报警，就必须进行冷却，且必须查明原因并上报。

c. 稳压器卸压箱水位必须维持在正常运行范围内。

d. 在稳压器卸压箱内必须充入低压氮气，以防止空气进入箱内形成可爆炸的氢-氧混合物。

④主泵

a. 只要一回路反应堆冷却剂系统水位超过主泵机械密封，其轴封注入水必须连续供给。

b. 如果主泵失去冷却水，主泵仍可连续运行一段时间，按“主泵故障”规程处理。温度超过任一限值，立即手动停泵。

c. 主泵轴封注入水温度不能超过规定值，轴封注入水流量必须维持在限值内。

d. 维持容控箱压力不低于限值。给主泵控制泄漏管线提供一个有效的背压。

e. 当反应堆冷却剂系统压力低于限值时，不得启动主泵。

f. 当反应堆冷却剂系统没有充分排完气前，主泵不能连续运行。

g. 当反应堆冷却剂系统在充水时，主泵轴封注入水必须连续供给，以防止杂物进入主泵密封腔。其后，还应保持连续供给。

h. 当反应堆冷却剂系统压力低于限值时，必须将主泵轴封回流隔离阀关闭，以防止回流管线上的杂物返回轴封腔。

⑤化容系统

a. 在任何时候，都必须避免在容控箱产生爆炸性的混合气体。当容控箱存在氧气时，其氢气的容积含量不得超过 4%。

b. 在反应堆冷却剂除氧结束前，不得将容控箱的氮气置换为氢气。

c. 为了避免在高温运行下的反应堆冷却剂系统管道受到热冲击，上充流必须首先被再生热交换器进行预热，当反应堆冷却剂温度超过 180 ℃时，上充流没有停止，其下泄流就不能停止。

d. 必须维持正常下泄孔板的出口压力足够高，以防止下泄流体在进入下泄热交换器前发生汽化。

e. 必须保持再生热交换器出口处的下泄流温度在 215 ℃以下。否则应增加上充流量或减少下泄流量。

f. 下泄流在进入净化床前，其温度必须低于 50 ℃。

g. 当投入备用净化床运行时，必须确认净化床已处于硼饱和状态，以防止净化床吸收硼而引入正反应性。

h. 两路上充管线在整个核电站寿期内要交替使用。交替应在冷停堆工况下进行。以避免上充管线经受不必要的附加应力。

i. 反应堆冷却剂在加联氨除氧期间，必须旁通化容净化床。

(3)核电站启动前注意事项

在核电站启动前，必须确认安全壳再循环地坑和滤网是清洁的。

在核电站启动前，当稳压器汽腔已形成，停冷系统被隔离后，所有安全注射泵都应将电源供上。

当反应堆冷却剂系统压力达到限值时，确认安注箱隔离阀自动打开。但在打开隔离阀前必须确认止回阀已按规定做过泄漏试验，并且泄漏率在规定的范围内。

安注箱内温度必须保持在规定范围内。任何时候安注箱必须保持规定的压力。

假如安注系统的高压注入管线上的调节阀在流量调整试验后又被调整过，则在反应堆临界前，必须重做安注系统流量测定试验。

①在任何情况下，当反应堆冷却剂硼浓度发生变化时，都会影响反应堆冷却剂的水质。在长时间的稀释反应堆冷却剂时，必须定期检查水质。

②化学添加剂

a. 当要改变添加的化学药物时，必须首先用反应堆补给水对化学添加箱进行清洗。

b. 为了得到最佳的联氨除氧效果，反应堆冷却剂温度应保持在 66～82 ℃，最高不得超过 120 ℃，当反应堆已经临界，联氨溶液不能再注入反应堆冷却剂系统。

③反应性控制

a. 在反应堆临界前，必须预测临界硼浓度或临界棒位。

b. 在反应堆开始升温前，所有的停堆棒必须提到顶。

c. 在硼浓度、氙毒、冷却剂温度变化及移动控制棒来引入正反应性前，停堆棒必须提到堆顶，但有以下例外：

- 假如停堆棒不能被提起，反应堆冷却剂系统必须被硼化到所需条件。
- 其硼浓度必须用取样方法证实。其停堆裕度必须大于规定值。
- 假如反应堆冷却剂已经被硼化到热态、无氙硼浓度，并一直被维持在热态，则停堆棒可以不提起。

• 假如反应堆冷却剂已经被硼化到冷停堆浓度，则停堆棒不需提起。

d. 在任何操作期间，如任一源量程通道的计数率出现意料外的增加 2 倍或 2 倍以上，应立即停止操作，直到原因被查清。

e. 当反应堆慢化剂温度系数为正时，反应堆不能进行临界操作。

f. 稳压器在形成汽腔前，反应堆不能进行临界操作。

g. 不能用稀释硼浓度的办法来使反应堆达临界。

h. 在接近临界或低功率情况下，反应堆冷却剂温度不能急剧变化，阶跃变化不能超过规定范围；硼酸浓度不能阶跃变化超过限值。

i. 反应堆的启动周期不小于规定值。

j. 反应堆的中子通量在源量程范围内时，不能同时使用两种以上的方法来改变反应性。

k. 反应堆换料后的初次临界时，预计临界棒位的误差超过限值时，应使用外推临界的方法使反应堆临界。

④升温升压

a. 反应堆冷却剂系统的最大升温速率不得超过限值。

b. 稳压器的最大升温速率不得超过限值。

c. 反应堆冷却剂的升温升压必须遵守“反应堆冷却剂系统压力-温度限制曲线”，见附图 A. 1。

d. 当反应堆冷却剂温度达 180 ℃时，将稳压器卸压阀的低温超压保护选择开关从“投入”位置转到“切除”位置。

e. 在主蒸汽管道暖管时，蒸汽要缓慢引出，给水量要控制适当，防止反应堆冷却剂产生较大的冷却。

f. 蒸汽发生器排污系统投入时，要注意管道的暖管，防止热冲击。

g. 在恢复蒸汽发生器水位时，为防止热冲击，给水量要控制适当，使蒸汽发生器水位缓慢恢复。

⑤提升功率

a. 补水箱水位和硼酸贮存箱水位均在规定的范围内。

b. 硼回收系统能正常工作，硼酸暂存箱有充分的接收容量。

c. 当发电机功率变化时，要预计氙毒的变化趋势。

d. 长期低功率（1 周以上）运行后的提升功率，由于原来控制棒插入位置较低，在功率提升中，控制棒会有较大的移动，从而引起氙振荡。此时应特别注意轴向通量分布的偏差。

e. 为了保持反应堆功率分布均匀及氙变化稳定，应将控制棒始终维持在规定位置内。

f. 在控制棒手动控制的情况下，不能进行过多的原因不明的控制棒补偿操作。

g. 当要改变反应堆冷却剂系统内的硼浓度时，要投入稳压器的备用电加热器，以增加喷雾流量。

h. 当反应堆冷却剂的硼浓度变化后，要重新调整反应堆补给水系统的浓度设定值，与冷却剂的硼浓度相等。

i. 功率上升中必须遵守汽机启动、加负荷推荐曲线（见附图 A. 2）。

j. 功率上升中，必须遵守轴向功率分布限制。

k. 在反应堆换料后的首次提升反应堆功率，其功率上升率不超过限值。当反应堆达满功率后，又功率运行七天以上，且在七天中其满功率运行的累计时间超过 72 h，其后的提升功率可不受此限制。

l. 汽机尽量避免在 5%额定负荷以下长期运行。

m. 汽机功率在 10%额定负荷以下运行时，低压缸入口蒸汽温度不超过限值。

n. 汽机低压缸入口蒸汽温度的阶跃变化不超过规定值，温度线性变化率不超过限值。

o. 汽机运行时，要避开机组的共振点（见附图 A.3）。

p. 汽机运行必须保持高真空，防止低压缸发生过大变形。

3. 操作步骤

（1）反应堆及一回路相关操作内容

①核电站启动前的检查：按附录 A 对各系统的可运行性进行确认。

②核测仪表正常运行确认。

a. 确认源量程、中间量程、功率量程仪表的可运行性。

b. 确认至少有一个源量程通道的指示值大于限值。

c. 确认带音响的计数装置已投入工作。

③确认低压下泄系统正常运行。

a. 下泄热交换器设冷水温调节阀控制器已投自动，设定值为 45 ℃。

b. 下泄管线背压控制阀控制器已投自动。

c. 停冷系统低压下泄截止阀开，且开度在 50%以上。低压下泄管线流量截止阀开。

d. 正常下泄隔离阀开，下泄孔板后隔离阀开。

④确认上充、轴封注水正常运行。

a. 离心上充泵 A（或 B）运行。

b. 主泵轴封注入水量在限值内。

c. 容控箱水位、压力维持在规定范围内。

⑤将反应堆冷却剂系统升压到 2.96 MPa。

a. 确认稳压器卸压阀低温超压保护选择开关在“投入”位置。

b. 调节下泄背压控制阀设定值，缓慢使系统升高到 2.96 MPa。

c. 当反应堆冷却剂系统压力上升到规定值时，将主泵控制泄漏流隔离阀打开，并确认回流管线进、出安全壳的隔离阀已开。

d. 当反应堆冷却剂压力达 2.96 MPa 后，确认下泄背压控制阀自动工作稳定。

e. 调节对应阀门的开度，保持主泵轴封水流量在规定值。

⑥反应堆冷却剂系统升温准备。

启停相关安全壳风机。

⑦启动主泵。

a. 确认稳压器卸压阀低温超压保护选择开关在投入位置。

b. 按主泵启动规程，对主泵进行启动前的检查。

c. 依次启动主泵。

d. 调节下泄背压控制阀使反应堆冷却剂的压力波动减少，并稳定在 2.96 MPa。

e. 全开稳压器喷雾阀,保证主环路与稳压器水质均匀。

⑧反应堆冷却剂取样。

待主泵启动运行 10 min 后,对主环路和稳压器分别取样分析硼浓度和水质

⑨提升安全棒 A1、A2。

a. 启动 2 台棒电源机组。

b. 确认所有核测仪表运行正常。

c. 确认至少一个源量程的计数大于限值。

d. 确认带音响的计数率装置工作正常。

e. 确认没有任何反应堆停堆报警信号存在。

f. 合上 8 只停堆断路器。

g. 按“棒控故障复位”按钮,确认无控制棒报警信号。

h. 按“棒位指示清零”按钮,确认所有控制棒棒位实测值和给定值的指示为 0。

i. 确认控制棒“提升/下插”信号灯灭。

j. 将停堆棒 A1、A2 依次提到堆顶:

· 将“自动-手动-单组”选择开关放“手动”位置;

· 将“组选择”开关放 A1(或 A2)位置;

· 用“提升-下插”开关将两组安全棒提到顶。

k. 将 T1、T2、T3 和 T4 控制棒都提升 10 步。

· 将“组选择”开关放“T”位置;

· 将“自动-手动-单组”选择开关放“T1”(或 T2、T3、T4)位置;

· 用“提升-下插”开关将 T1、T2、T3 和 T4 控制棒各提升 10 步。

⑩硼浓度调整。

如核电站的启动是从停堆换料开始,则先将反应堆冷却剂的硼浓度稀释到冷停堆无氙硼浓度。

⑪加联氨除氧

a. 确认反应堆冷却剂温度小于 82 ℃。

b. 当反应堆冷却剂温度在 50~60 ℃时加入联氨。

c. 在水质合格前,用停冷系统维持反应堆冷却剂温度不超过 121 ℃。

d. 根据取样分析,待水质合格后,需对与一回路反应堆冷却剂系统相连的不流动管系内的积水进行合格水置换。

e. 水质合格后,将净化床入口三通阀的控制开关放回主控,确认净化床投入运行。

⑫停止停冷系统对反应堆冷却剂系统的冷却。

将停冷热交换器出口流量调节阀缓慢关闭,同时将停冷热交换器旁路流量调节阀缓慢打开,维持停冷泵出口流量不变。

⑬反应堆冷却剂系统开始升温。

a. 关闭稳压器喷雾阀。

b. 投入稳压器全部加热器,使稳压器和回路分别开始升温。

⑭稳压器建立汽腔及容控箱气体用氢气置换氮气。

a. 当稳压器温度达 230~235 ℃时，确认下泄流量开始增加，同时稳压器液位开始下降，稳压器开始建立汽腔。

b. 为加快稳压器水位下降速度，可将上充母管流量减小，并将下泄背压控制阀改为手动，增大下泄流量至规定值。

c. 由于下泄流量受到最大流量的限制，必要时，可使用过剩下泄系统。

d. 稳压器汽腔形成后，手动开启稳压器喷雾阀，维持稳压器压力在规定范围内。

e. 利用稳压器建立汽腔期间下泄流量大于上充流量，手动控制入口三通阀，使容控箱水位上升、下降，将容控箱内氮气置换成氢气。

f. 当稳压器水位接近零功率水位时，平衡上充下泄流量，并将稳压器水位控制器投自动。确认上充流量调节阀、下泄背压控制阀投入“自动”。

⑮停止停冷系统运行，并与反应堆冷却剂系统隔离。

a. 停止停冷泵。

b. 确认正常下泄隔离阀及下泄孔板隔离阀均为开。

c. 缓慢关闭停冷系统低压下泄节流阀。

d. 将下泄背压控制阀阀前压力设定在规定值。

e. 关闭停冷泵入口阀，并加锁。

f. 开、关停冷系统低压下泄节流阀，使停冷系统泄压。

⑯专设安全设施置于安注备用状态。

a. 确认专设屏已送电。

b. 开换料水箱至停冷泵入口隔离阀，将停冷系统置安注备用状态。

c. 将安注泵的电源送上，确认安注系统在安注备用状态。

d. 将喷淋泵及出口隔离阀的电源送上，确认安全壳喷淋系统在喷淋备用状态。

⑰继续反应堆冷却剂系统升温、升压。

a. 继续反应堆冷却剂系统升温、升压。

b. 遵照反应堆冷却剂系统压力-温度曲线进行升温、升压。

c. 随着压力上升，确认下泄流量不断增加，而自动维持其阀前压力在限值内。

d. 将稳压器低压保护选择开关放“切除”位置。

e. 随着下泄流量的增加，逐个关闭下泄孔板隔离阀，保持下泄流量在规定范围内。

f. 随着一回路反应堆冷却剂系统压力上升，调节相关阀门的开度，维持主泵轴封水流量在规定范围内。

⑱安注箱置于安注备用状态。

a. 确认安注箱压力、水位及硼浓度在限值内。

b. 当一回路反应堆冷却剂系统压力上升到对应限值时，将安注箱出口隔离阀电源送上，确认其自动打开。

⑲切除上充孔板。

当一回路反应堆冷却剂系统压力上升到规定值时，令一回路值班员将上充孔板切除。

⑳许可信号自动复归“PZR 压力低”“T_{av} 低-低”“Ps 低保护闭锁”。

当稳压器压力上升到规定值时，确认安注闭锁信号自动复归。

㉑稳压器压力控制投自动。

a. 当稳压器压力达额定压力 15.2 MPa 时，将稳压器备用、比例电加热器和喷雾阀的控制开关均投“自动”。

b. 将“稳压器压力主控制器”投“自动”。

㉒热停堆状态的确认。

a. 稳压器压力控制系统在自动状态，压力维持在 15.2 MPa。

b. 稳压器水位控制系统在自动状态，水位为零功率水位。

c. 反应堆平均温度由蒸汽发生器大气释放阀自动控制，维持在设定温度。

d. 蒸汽发生器水位由辅助给水系统维持在零功率水位。

㉓安全壳内最后检查。

㉔临界前的准备。

a. 确认反应堆冷却剂系统运行正常。

b. 确认核测仪表运行正常。

c. 确认在最近 7 d 内刚做过两个源量程通道，两个中间量程通道和手动停堆的功能试验，所有功能正常。

d. 根据临界硼浓度核对其准确性。

㉕调整硼浓度。

a. 投入稳压器备用电加热器，确认喷雾阀自动开启，以均匀稳压器和回路间的水质。

b. 根据预计临界硼浓度和当前硼浓度，确定稀释水量和稀释速率，将反应堆冷却剂硼浓度稀释到临界硼浓度。

c. 稀释结束后，稳定 30 min，对冷却剂进行取样，确认已达到临界硼浓度。

d. 将稳压器备用电加热器投入“自动”。

㉖临界操作。

a. 根据启动前回路的实际温度和硼浓度，确认冷却剂的温度系数为负值。

b. 确认两组安全棒已提到堆顶，将已提起 10 步的所有调节棒重新插入堆底。

c. 值长向全厂广播“反应堆准备启动”。

d. 开始提升控制棒：

- 将组选择开关放“T”位置。
- 将自动-手动-单组选择开关放“手动”位置。
- 用提升-下插手柄，提升控制棒。
- 反应堆启动周期控制在 50~80 s。
- 在提升控制棒过程中，确认各棒组间的重叠度正确。
- 当源量程计数已增加到原计数的 2 倍时，可根据倍增曲线，初步确定实际临界棒位，与预计临界棒位的控制棒的有关棒位要求相比较，确认其满足有关规定。
- 在控制棒提升时，确认源量程和中间量程的中子通量重叠 1 个数量级。
- 当接近临界棒位时，应降低提棒速度。

- 反应堆临界：当控制棒停止提升后，周期数仍稳定在一个值，而中子计数率稳定上升。
- 值长向全厂广播“反应堆已达临界”。
- 当反应堆功率上升到规定范围时，确认对应指示灯亮后，立即按下“源量程闭锁”按钮，确认对应指示灯亮，且源量程指示为零。
- 当反应堆功率上升到规定值时，下插控制棒，维持功率在这一水平，在值班日志上记下以下临界参数：临界时间、冷却剂硼浓度、控制棒位置、冷却剂平均温度、反应堆功率。

e. 如有必要，可对冷却剂硼浓度进行适当调整，使控制棒处于最佳位置。

f. 继续提升反应堆功率到2%额定功率。

㉗调整反应堆功率。

根据二回路的蒸汽用量，适当调整反应堆功率，维持一回路平均温度不变。

㉘投入蒸汽旁排系统（Ps 方式）。

a. 确认冷凝器真空、循环水压力在规定范围内。

b. 通知二回路值班员将蒸汽旁排系统准备到热备用状态。

c. 确认旁排系统在手动状态，旁排阀及喷淋阀在关闭状态。

d. 将旁排系统压力整定值设为规定值。

e. 同时按下“释放”和“压力控制”按钮，确认“压力”灯亮。

f. 同时按下“释放”和“手动切自动”按钮，确认“自动”指示灯亮，“两阀允许”指示灯亮。

g. 确认大气释放阀在自动工作。

h. 缓慢将大气释放阀的定值调至规定值，并继续在自动状态。

i. 确认大气释放阀自动关小直至全关，而旁排阀则自动工作正常，维持蒸汽压力在限值内。

㉙汽机冲转前准备。将反应堆功率提升到5%~8%。

㉚汽机冲转。

a. 确认反应堆冷却剂平均温度维持在设定温度。

b. 确认蒸汽旁路排放系统动作正常，随着汽机转速上升，用汽量增加，旁排阀应自动关小，以维持蒸汽发生器母管压力。

㉛汽机保护装置实验。在汽机进行超速保护控制试验时，确认主蒸汽旁排阀动作正常。

㉜发电机并网前的准备。将反应堆功率提升到8%~9%额定功率。

㉝发电机并网。

a. 确认开关合上，发电机并入电网。

b. 确认汽机旁排阀自动关小，动作正常。

c. 确认蒸汽发生器液位、压力正常。

d. 维持反应堆冷却剂平均温度。手动提升控制棒。

e. 当反应堆功率在10%满功率时：

● 确认状态指示灯“中间量程、功率量程低定值停堆闭锁允许”灯亮。

● “反应堆停堆闭锁”信号灯亮。

● 手动按下“中间量程中子通道高”“功率量程中子通量高（低整定值）”闭锁按钮。

● 确认相关指示灯亮。

㉞反应堆功率手动提升。

a. 随着发电机功率上升，汽机旁排阀开度将逐渐减小，直至全关。主蒸汽旁排阀全关后，手动提升控制棒，增加反应堆功率，维持反应堆冷却剂平均温度和参考平均温度之差在±1.0 ℃之间。

b. 当控制棒提升到接近上限位置时，调整冷却剂硼浓度（稀释）以保持其在调节带内。

㉟控制棒控制系统投自动。

a. 确认发电机功率已达 15%满功率。

b. 确认仪表对应光字牌熄灭。

c. 确认反应堆平均温度和参考温度之差小于 1 ℃。

d. 将控制棒投“自动”。

e. 确认控制棒自动动作正常。

㊱主蒸汽旁排阀切换到“平均温度”控制模式。

a. 确认发电机功率为 15%满功率。

b. 确认主蒸汽旁排阀全关。

c. 确认旁排控制在压力模式。

d. 将控制方式选择开关放“平均温度”控制位置。

㊲反应堆功率上升

a. 反应堆功率控制系统处于自动工况。

● 随着发电机功率上升，确认控制棒自动跟随提升，直到规定范围的上限。

● 硼浓度调整（稀释），保持控制棒在规定范围内。

b. 如反应堆功率控制系统在手动工况。

● 手动提升控制棒，跟随发电机功率上升，直到控制棒到达规定范围的上限。

● 硼浓度调整（稀释），保持平均温度和参考平均温度在±1.0 ℃范围内。

c. 随着发电机功率不断上升，根据平均温度和参考平均温度的差值，不断调整棒位和硼浓度（稀释），并确认以下事项：

● 平均温度和参考平均温度之差保持在±1.0 ℃范围内；

● 稳压器压力、水位自动控制动作正确；

● 蒸汽发生器水位按程序水位控制，自动动作正确；

● 核测量仪表工作正常（堆外）；

● 超温 ΔT、超功率 ΔT 的设定值和温差指示正常，设定值与实测温差留有裕度。

㊳反应堆功率达 50%额定功率

a. 确认轴向中子通量偏差在目标范围内。

b. 确认控制棒运行在规定范围内，否则调整硼浓度。

㊴反应堆功率达 90%满功率。校核功率量程中子通量表，应与发电机功率表指示

一致。

㊵反应堆功率达 100%。

a. 全面检查系统、设备,确认无异常。

b. 根据热平衡计算结果,校对核功率表。

(2)二回路相关操作内容

①汽机转子盘车。

a. 确认汽机处于“脱扣”停机状态。

b. 启动一台主油箱排风机,另一台投自动。

c. 启动交流润滑油泵,确认供油油压正常,确认直流润滑油泵处于自动状态。

d. 启动两台顶轴油泵。

e. 确认汽机轴被顶起后,启动盘车装置。

f. 检查汽机轴的偏心度正常。

②凝水系统清洗。

a. 如停机时间较长,将冷凝器热井的剩水放尽,然后将除盐水补入热井,恢复到高水位。

b. 通知化水值班员,将凝水除盐装置旁通运行。

c. 启动一台凝水泵、一台凝水升压泵作循环运行(通过凝水升压泵出口小流量循环阀)。

d. 循环 10~20 min 后,取样分析水质,如不合格,进行以下步骤:开凝水排地沟阀,待热井水位降至低-低时,开补水阀,向热井补水,维持热井水位在正常水位。

e. 待凝水水质合格后,关排水阀、补水阀,停止排水和补水,投入除盐装置,凝水系统继续循环运行。

③投入海水冷却等辅助系统。

a. 通知泵房值班员启动一台循环泵。

b. 投入海水冷却系统:向工业水冷却器供冷却水,如有需要,即海水压力偏低,可启动一台或二台海升泵。

c. 将汽机厂房工业水系统投入运行。

d. 将发电机转子冷却水系统投入运行。

e. 将低压缸排气喷淋阀投自动。

f. 将疏水扩容器喷淋阀投自动。

g. 启动 1 台轴加风机。

④低压给水系统清洗。

a. 启动除氧循环泵,对除氧器进行再循环运行并取样,如水质不合格,将其剩水排放。

b. 将合格的凝水充入除氧器,直至正常水位。

c. 视水质情况,可反复进行置换和循环清洗,直至除氧器内水质合格。

⑤高压给水系统清洗。

a. 开给水系统大循环阀,并利用除氧循环泵,对高压给水管系进行循环清洗或向地沟排放。

b. 待水质合格后,停止清洗,关闭给水系统大循环阀,恢复除氧器的再循环运行。

⑥启动除氧器到热备用。

a. 确认除氧器水位在正常运行水位，除氧循环泵做除氧器循环运行。

b. 确认或通知启动 1 台或 2 台辅助锅炉。维持辅助蒸汽母管压力。

c. 由辅助蒸汽母管向除氧器供汽使除氧器压力维持在规定范围内，除氧器温度逐步升到 110 ℃处热备用状态。

d. 投入除氧器排气管放射性监察装置。

⑦反应堆冷却剂升温准备。

a. 确认 3 台辅助给水泵及其系统已准备完毕，随时可向蒸汽发生器供水。

b. 确认主蒸汽隔离阀前疏水，主蒸汽母管疏水，主蒸汽旁排母管疏水，开启并导向地沟。

⑧反应堆冷却剂系统开始升温。

a. 确认凝水、给水水质合格。

b. 投入蒸汽发生器水质监测仪表。

c. 确认凝水除盐装置投入。

d. 将热井水位控制器投“自动”。

e. 将除氧器水位控制器投“自动”。

f. 使用蒸汽发生器排污系统和辅助给水系统，将蒸汽发生器内的二回路水进行置换直至水质合格，并维持蒸汽发生器水位在零功率水位。

g. 若蒸汽发生器曾用氮气保养，则当蒸汽发生器二次侧压力达到规定范围时，打开大气释放阀，将蒸汽发生器内的氮气放尽，然后将大气释放阀放“自动”，并确认其设定值在规定范围内。

⑨临界前准备。

二回路系统状态满足下述要求。

a. 凝结水系统运行正常。

b. 除氧器运行正常。

c. 辅助给水系统维持蒸汽发生器水位在零功率水位。

d. 蒸汽发生器排污系统处于可运行状态。

e. 主给水系统已处于热备用状态。

f. 汽轮机盘车装置连续运行。

⑩主蒸汽管道暖管。

a. 确认汽轮机盘车装置运行。

b. 确认两台循环泵运行。

c. 对下列蒸汽管道进行暖管：

· 主蒸汽管（含主蒸汽母管）；

· 汽机入口蒸汽管；

· 汽水分离再热器再热蒸汽管；

· 主蒸汽旁排管。

d. 确认上述供汽的蒸汽管道的疏水至大气的阀门开，至冷凝器的阀门关闭。

e. 将主蒸汽隔离阀前的主蒸汽管内的疏水放尽。

f. 间断开启主蒸汽隔离阀的旁路阀，保持规定的升温速率，等旁路阀后主蒸汽管道建立起稳定的压力后，再全开主蒸汽隔离阀的旁路阀。

g. 当主蒸汽隔离阀前后压差小于规定值时，开主蒸汽隔离阀。

h. 关主蒸汽隔离阀的旁路阀和隔离阀前疏水阀。

i. 暖管结束后，尽量关小各蒸汽管道排地沟的疏水阀，以减少主蒸汽损失。

⑪辅助蒸汽由辅助锅炉切至主蒸汽。

a. 确认主蒸汽向辅助蒸汽供汽隔离阀关，调节阀手动关。

b. 稍开隔离阀，进行暖管。

c. 暖管结束后，全开隔离阀，缓慢开启辅助蒸汽供汽隔离阀。

d. 通知锅炉值班员，逐步减少锅炉出力，同时开启调节阀，维持母管压力在规定范围内。

e. 当辅助锅炉停止供汽后，将调节阀投自动，确认其性能良好。

f. 将辅助锅炉投热备用状态。

⑫启动主给水泵。

a. 确认主给水系统已准备好，主给水隔离阀已开，主给水流量调节阀及其旁路阀均在手动关位置。

b. 确认主给水泵已具备启动条件

c. 启动 1 台主给水泵，确认其小流量运行正常。

d. 确认辅助油泵自动停止，将其连锁开关投“自动”。

⑬蒸汽发生器给水切换。

a. 缓慢开启主给水旁路调节阀，同时关小辅助给水流量调节阀，维持蒸汽发生器水位不变。

b. 待辅助给水流量调节阀全关后，将主给水旁路调节阀投自动，确认其工作良好。

c. 停止辅助给水泵。

d. 停止除氧循环泵。

⑭辅助给水系统置应急备用状态。

a. 将辅助给水泵的水源由除氧器切至应急水箱。

b. 将辅助给水流量调节阀投自动。

c. 将辅助给水泵投自动。

⑮投入蒸汽发生器排污。

令一回路值班员将蒸汽发生器排污投入连续运行。

⑯根据化学分析结果，蒸汽发生器二次侧进行热态水质调整。

⑰冷凝器抽真空前准备。

a. 确认辅助蒸汽由主蒸汽供汽，压力维持在 0.6~0.8 MPa。

b. 冷凝器循环水侧已投入运行。

c. 投入冷凝器及抽气器排气管放射性监测装置。

d. 关闭冷凝器真空破坏阀。

e. 打开冷凝器空气阀。

f. 确认密封水系统已投入运行，密封氮气压力在规定范围内，水位正常，各真空阀门已供密封水。

g. 确认汽机盘车正常运行。

⑱冷凝器抽真空。

a. 确认 1 台轴加风机运行，另 1 台投备用，使轴封加热器真空保持在设定值。

b. 向汽机供轴封蒸汽，维持轴封蒸汽压力在限值内。

c. 启动 1 台或 2 台启动抽气器。

d. 确认冷凝器真空破坏阀关闭。

e. 当冷凝器真空达到启动抽气器限值时，启动 1 台或 2 台主抽气器。

f. 当冷凝器真空达到停止抽气器限值时，停止启动抽气器。

g. 当冷凝器真空达到规定值时，维持 1 台主抽气器运行。

h. 将冷凝器管板密封水系统投入运行。

i. 将蒸汽管道有关疏水倒向冷凝器。

⑲确认汽水分离再热器汽水分离再热控制系统在自动状态。

⑳启动调速/抗燃控制油系统。

a. 启动高压油泵。

b. 确认调速/抗燃油系统已准备就绪：

- 油箱油位正常；
- 油温大于其温度限值；
- 高压蓄压器压力在规定范围内；
- 低压蓄压器压力在规定范围内；
- 油冷却器冷却水投入运行，温度设定在允许范围内；
- 启动 1 台 EH 油泵；
- 确认 EH 油压维持在规定值；
- 将另 1 台 EH 油泵投自动；
- EH 油泵进行自启动试验。

㉑发电机启动前准备。

a. 确认发电机、主变压器的继电保护已按规定投入。

b. 确认发电机灭磁开关、励磁机灭磁开关均在分闸位置。

c. 对发电机电压自动调节器做调节动作试验，试验结束后，将两个调节器调至最低位置。

d. 对发电机、主变压器、励磁机及励磁回路侧绝缘，确认合格。

e. 将发电机定子冷却水系统投入运行。

f. 向发电机空冷器、励磁机空冷器及励磁机整流柜供冷却水。

g. 确认发电机封闭母线充气压力正常，充气装置投自动。

h. 确认发电机-变压器组已投入热备用。

㉒汽机冲转前检查。

㉓汽机复置。

㉔汽机冲转前准备。

a. 根据汽机高压缸第一级金属温度,按"汽机启动、加负荷推荐曲线"决定其升速率。

b. 根据需要,在汽机升速前进行以下汽机危急遮断通道试验:

EH 低油压、润滑油低油压、推力轴承磨损大、电超速、低真空、用户遥控。

㉕汽机冲转至 3 000 r/min。

㉖汽机转速至 3 000 r/min 时,全面检查汽机各运行参数,进行就地检查,确认无异常。

㉗汽机保护装置试验。

a. 超速保护控制动作试验:

- 确认主汽调节阀和再热调节阀立即关闭,汽机转速下降;
- 确认主汽调节阀和再热调节阀恢复原来位置,汽机转速恢复到 3 000 r/min 稳定运行。

b. 汽机机械超速注油试验:

- 将汽机轴端的试验手柄放到试验位置,并保持到试验结束;
- 缓慢打开机械超速的注油阀,直到脱扣-复位手柄移动到脱扣位置,记下脱扣动作时的注入油油压;
- 关闭机械超速注油阀,然后将脱扣-复位手柄复位。

㉘发电机并网前准备。

㉙发电机并网。

㉚保持初期功率(5%)运行。

a. 根据"汽机启动,加负荷推荐曲线",汽机从冷态启动时,应保持一定时间稳定运行,进行低功率暖机。

b. 确认发电机定子、转子及空气冷却器的出口温度,主励磁机空气冷却器出口风温,如有必要,则调整之。

c. 并网后,确认二回路水质,调整蒸汽发生器排污流量。

d. 投入 1# 低压加热器,开抽气截止阀。

e. 对汽机-发电机组做全面检查。

㉛发电机功率提升:从 5%~15%。

a. 随着发电机功率上升,确认无功功率也随之增加,维持功率因素在规定范围内。

b. 当发电机功率达 10%时,按"保持"按钮确认:汽水分离再热器开始暖机,在实时控制操作盘上确认对应指示灯状态。

c. 当发电机功率达 10%时,将 DEH 控制系统的两个反馈回路投入:

d. 按"进行按钮",汽机继续升负荷。

e. 当发电机功率达 15%后,按"保持"按钮,确认发电机保持稳定运行。

㉜给水控制切换。

a. 确认对应光字牌亮起。

b. 确认主给水调节阀均在手动关。

c. 将主给水调节阀 A 投"自动",确认其慢慢开启,而其旁路阀慢慢关闭,蒸汽发生器的给水流量基本维持不变。

d. 主给水旁路调节阀全关后，将其放“手动”位置。

e. 将主给水调节阀和旁路阀根据要求进行切换。

㉝发电功率提升：从15%~50%。

a. 按“进行”按钮，发电机继续升负荷。

b. 随着发电机功率上升，调整发电机无功功率，使功率因数 $\cos\varphi$ 保持在规定范围内。

c. 随着发电机功率上升，蒸汽流量增加，不断调整排污流量，达1%蒸汽流量，以保持炉水水质。

㉞发电机功率达20%满功率。

a. 确认汽轮机本体疏水阀全部关闭。

b. 依次投入三台高加。

c. 将汽水分离再热器一、二级疏水切向高压加热器。

d. 按“进行”按钮，继续提升功率。

㉟发电机功率达35%满功率。

a. 确认汽水分离再热器实时控制操作盘上“35%负荷”灯亮，汽水分离再热器进入基本负荷运行，小控制阀继续以一定速率控制汽水分离再热器出口蒸汽温度上升。

b. 小控制阀全开一定时间后，大控制阀开启。

㊱发电机功率达40%满功率。

发电机功率达到40%满功率时，按“保持”按钮，进行下列工作：

按顺序启动各凝结水泵，并保证循环水进口压力在规定范围内，继续提升功率。

㊲发电机功率达50%满功率。

a. 按“保持”按钮，确认发电机保持稳定运行。

b. 将辅助蒸汽母管汽源由主蒸汽供汽切换到由高压缸一级抽气供汽：

㊳发电机功率提升：50%~100%满功率，按“进行”按钮，确认发电机继续升负荷。

㊴发电机功率达65%满功率。

a. 用抽气加热除氧器，除氧器进入滑压运行：

- 令就地确认汽机抽气管疏水阀在开启状态；
- 确认“四段抽气压力高”已报警，开启除氧器进气逆止阀和进气电动阀；
- 确认辅助蒸汽供给阀和调节阀自动关闭，除氧器进入滑压运行。

b. 将3#高加疏水由疏水扩容器切到除氧器。

㊵发电机功率达75%。

继续提升发电机功率到75%满功率，根据需要启动第四台循环水泵。

㊶发电机功率达90%满功率。

a. 按启动要求，决定是否要在此阶段保持一段时间的稳定运行。

b. 进行热平衡计算。

㊷发电机功率达100%。

a. 全面检查系统、设备，确认无异常。

b. 进行热平衡计算，核实反应堆热功率。

(3)反应堆启动过程注意事项。

①在盘车期间,冷油器出口温度保持在规定范围。

②启动润滑油泵时,应完成油泵的自动启动试验。

③盘车装置启动后,确认盘车装置运行正常。

④凝水水质合格后,除盐水装置恢复运行。

⑤启动凝泵前,确认开式工业水系统已投入运行。

⑥安全壳内温度保持在 45 ℃以下。

⑦反应堆冷却剂系统的升压速率不超过限值。

⑧两台反应堆冷却剂泵轴封注入水流量不等,可调节对应阀门。

⑨启动主泵时,密切注意反应堆冷却剂系统压力变化。

⑩主泵开关合闸后,如不见泵轴转动,则立即停止主泵。

⑪主泵开关合闸后,启动电流应在规定时间内回到正常值,否则立即停泵。

⑫确认反应堆停堆保护系统在过去的 7 d 内已做过功能试验,否则在提棒前必须验证其功能良好。

⑬在提升控制棒时,如源量程计数突然出现不可预见的增加 2 倍以上,应立即停止提棒操作,并查明原因。

⑭控制棒在手动时的棒速始终保持规定值。

⑮在升温和冷却前,必须将停堆断路器断开或将所有控制棒提起 10 步。

⑯加入的联氨量由化学分析结果决定,如水质的含氧量符合要求,可直接进行下一步。

⑰除氧期间,容控箱内氮气要连续或定期进行置换。

⑱在进行水质置换时,注意一回路反应堆冷却剂系统的压力变化。

⑲除氧期间,停冷系统的两个系列均要参加除氧。

⑳稳压器升温速率不得超过限值,回路升温速率不得超过限值。

㉑大气释放阀使用后,要确认其复位良好。

㉒在稳压器建立汽腔时,用停冷系统维持冷却剂温度不超过 180 ℃。

㉓下泄热交换器下泄流出口温度不得超过限值。

㉔当下泄流过大时,可减少稳压器电加热器的数量。

㉕通过阀门手动增加下泄流量时,注意一回路反应堆冷却剂系统压力变化。

㉖注意调整主泵轴封水流量。

㉗停冷系统隔离后,随着一回路反应堆冷却剂系统压力的升高注意停冷系统内压力的变化,防止因截止阀内漏引起超压。

㉘确认换料水箱水位及硼浓度均满足技术规格书有关要求。

㉙随着反应堆冷却剂系统的升温,确认蒸汽发生器二次侧压力,温度相应上升。

㉚随着一回路反应堆冷却剂系统压力、平均温度的上升,严密监视上充流量调节阀自动控制情况。

㉛安注箱出口隔离阀打开后,注意监视安注箱内压力和水位是否变化。

㉜切换时动作要缓慢,切换后,注意调整上充及主泵轴封水流量。

㉝在允许信号自动复归前应确保蒸汽发生器压力、温度在规定范围内。

㉞在进行硼浓度稀释操作中，严密监视源量程中子通量计数。

㉟硼稀释速率应始终在规定范围内。

㊱稳压器和回路间的硼浓度差应小于其限值。

㊲反应堆进行临界操作时，二回路不得进行有可能影响一回路温度变化的操作（临界期间尽量不要向蒸汽发生器供水）。

㊳在开始提棒后，要密切注意源量程中子计数及周期的变化，并随时切换音响装置的量程。

㊴在控制棒移动过程中，注意是否有失步现象。

㊵反应堆最小启动周期不得小于规定值。

㊶若临界棒位低于插入极限，则应急硼化 100 ppm，并将所有控制棒插到底，重新预计临界硼浓度。

㊷若控制棒全部提到顶而反应堆仍没临界，则插入所有控制棒，重新预计临界硼浓度。

㊸若实际临界棒位与预计临界棒位差在规定限值以上时，必须查明原因，然后才能继续提升功率。

㊹进行暖管时，防止平均温度发生过大变化。

㊺打开疏水阀时要缓慢，防止产生水锤。

㊻根据实际情况，辅助锅炉可在发电机并网后再停。

㊼在只有一台主给水泵运行时，第二台泵不能投自动，除非第三台泵的电源在断开位置。

㊽启动主给水泵，也可在二次侧抽真空结束后进行。

㊾在向汽机供轴封汽以前，必须确认汽机已开始盘车。

㊿汽机热态时，禁止在汽机无轴封情况下，启动抽气器抽真空。

51汽机供轴封蒸汽后应尽快启动抽气器。

52在投压力方式时，尽可能保持实际蒸汽压力低于整定值，以防旁排阀突开。

53当油温小于 10 ℃时不能启动 EH 油泵，而必须先用电加热器加热升温到 21 ℃以上。

54EH 油泵自启动压力为 11.03 MPa。

55如果阀门密封性能不好，汽机复置后，汽机转速就可能开始上升。

56堆换料后首次启动，其升功率速率不得超过规定值。

57汽机升速过程中，就地检查汽机运转情况。

58汽机升速过程中，监视所有汽机有关仪表。

59汽机升速中，通过共振区时，注意汽机轴振动，转速不要在共振区停留。

60汽机升速中，注意调整定、转子冷却水流量及主机冷油器的油温。

61汽机保护装置试验时，确认反应堆功率不超过 10%。

62反应堆换料后首次启动，功率上升速率不得超过规定值。

63注意蒸汽发生器水位按程序水位变化。

64汽水分离再热器加热一定时间后，暖机完毕，“暖机阀开”指示灯变平光。

65在给水切换过程中，防止蒸汽发生器水位发生急剧变化，并维持蒸汽发生器程序水位。

㊾给水控制从“单冲量”向“三冲量”切换,允许手动操作。

㊿升负荷率的确定,按照汽机启动、变负荷推荐曲线及反应堆升负荷限制的规定,选取其小值,核电站升负荷速率不得超过以上所有限值。

⑥⑧根据运行状况,应预计氙毒变化趋势。

⑥⑨启动第三台循泵。

⑦⓪注意低压缸入口蒸汽温度。

⑦①确认过去 24 h 内轴向中子通量偏差超出目标带的累计时间不超过 1 h。

⑦②在功率提升中,应预计氙毒的变化趋势。

2.3.2 稳定工况运行

稳定工况运行是核动力反应堆维持功率水平恒定的工况,一般来说稳定工况运行是指核反应堆的功率不随时间变化的运行方式。理论上讲,堆功率不随时间变化则堆内反应性也应不随时间变化,但实际上反应堆处于稳定功率运行时,其堆芯必定会发生一系列的物理热工效应,这些效应将会引起堆内反应性的变化,从而导致堆功率的变化,因此稳定工况运行的稳定是相对的,而稳定中的不平衡是经常的,对于这一点绝不能掉以轻心。事实上,反应堆的反应性是由各方面的因素决定的,而且引起反应性改变的原因很多,主要有回路温度、压力、中毒、燃耗等。它们的作用可能单独出现,也可能一起出现。虽然有些效应所引起的反应性变化是缓慢的,或者在一定的时间后趋于平衡,但如果不及时补偿,那么在负反应性引入时会使功率下降,以致堆停闭。倘若引入正反应性,会使功率很快增长,破坏堆的正常工作。总之只有不断进行手动或自动操纵控制棒消除反应性的扰动,才能维持其功率恒定。

因此,为了正常维持堆的稳定工况运行,必须对全部系统、机组设备等工作状况实施监督,并对仪表和信号进行有效监督。

稳定工况运行方式有两种:一种是手动控制(一般在 20%额定功率以下),另一种为自动控制(一般在 20%额定功率以上)。无论是手动还是自动都必须按正常运行安全的要求和条件实施操作,这是确保功率区安全运行的最基本条件。

1. 稳定工况运行状态的监督

为了维持反应堆的稳定工况运行,操纵人员须及时准确地掌握和了解反应堆的运行状态,如反应堆功率、热工参数的变化,及系统设备等工作情况。这些运行状态有些可用眼看、耳听、手摸等方式来判断设备装置的运转情况,而更多的,特别是安全壳内的系统设备运行情况则须通过指示仪表来判断,所以监督装置的运转就是实施对仪表的监督。

堆功率是反映反应堆运行状态的一个重要参数,通过功率值随时间的累积,可估算并判断反应堆的燃耗程度。堆芯设计的热工参数,对应一个最大允许功率,它取决于冷却剂的压力和反应堆的出入口温度、燃料最大允许的中心温度等条件。如果运行超过额定功率就会导致堆芯冷却剂发生体积沸腾,甚至使燃料发生熔化,破坏堆的正常运行。所以功率监督是必要的。但是反应堆长期运转后,燃料 U-235 逐渐减少,导致核功率读数比实际热功率表读数偏高。而功率 P 正比于 $\varphi N \cdot \sigma_f^{U^{235}}$,核数 N 减小,若要维持以前的功率值就要提

高中子通量 Φ,核功率表是根据 Φ 的测量来刻度的。所以此时在达到某功率值时,必然要求中子通量提高。因此在反应堆运行期间,要定期校核核功率及热功率表,保证在工作期的全部时间里都能得到较为准确的功率表指示。

稳定工况运行时,监督各种仪表主要是看仪表指示是否在额定允许范围内,若出现不正常,则要查明原因,给予排除。作为一个熟练的操纵员,应牢记正常运行时各主要参数的额定值及正常工作范围,以此判断反应堆运行状态的正常与否,还要具备能监督多个参数来衡量堆运行状态的能力。如监督稳压器的温度、压力、水位,来判断稳压器以至堆的运行状态;如稳压器的压力表指示失灵,此时可由稳压器的温度和水位来判断堆的压力值,其准确度不比压力表差;如主泵流量表可与主泵的电机负荷电流表指示结合起来判断它的工作状态等。另外还要在平时的稳定功率运行中注意监督各设备系统的工作状况,例如调节控制棒位置时要注意灯光与指示装置是否同步;要定期检查控制棒驱动机构定子冷却水的流量温度,以防烧毁;检查压力容器密封等是否泄漏及随时监督冷却剂和安全壳的剂量水平,并及早发现由于工艺缺陷或其他原因造成的破损等。要求操纵人员对非正常工况能及时发现,正确分析判断,做到准确而迅速地处理。

稳定运行时要求操纵人员在一切关键性的操作之后,或对事故处理后,都做较详细的记载,即使在稳定功率运行无重要的操作时,也要定时地(如每小时一次)记录反应堆装置主要参数数值,作为累算燃耗的依据,并作为掌握反应堆的燃耗程度和后备反应性大小的依据,指导以后启动运行。

稳定工况运行监督的主要参数有堆功率,热功率,堆出、入口温度,堆平均温度,稳压器的温度、压力、水位,冷却剂流量,安全壳温度,剂量水平,控制棒棒栅位置等。

2. 稳定工况运行时控制棒棒栅位置的调整

(1)稳定工况运行时堆内的反应性变化

稳定工况运行时,理论上运行功率是不随时间而变化的,但实际上所谓稳定是相对的,因为堆内反应性是变化的,若要维持堆功率稳定要求通过外部手段(手动或自动)移动控制棒来消除堆内的反应性变化。这种堆内反应性的变化主要有以下几个影响因素。

①温度效应

反应堆的燃料元件、冷却剂的温度因某种原因发生变化,能够引起反应堆的反应性变化,反应性变化引起功率变化,功率变化又引起温度变化。由于压水堆的温度系数通常为负的,即温度升高则堆内反应性减少;反之,反应性增加。堆内燃料温度变化引起反应性变化所对应的温度效应称为多普勒效应,多普勒系数比冷却剂温度系数小一个量级,但是它比冷却剂温度系数反应得快。反应堆具有自稳自调性能,但就某一时刻而言,温度总是在变化的,有时需调整控制棒进行干预。典型压水堆温度系数曲线如图 2.26 所示。

②压力效应

对于压水堆来说,其压力变化也会引起反应性的变化。

压力系数为正值,但很小,因此稳定工况下压力是恒定的,即使有波动也很小,故可忽略它的影响。

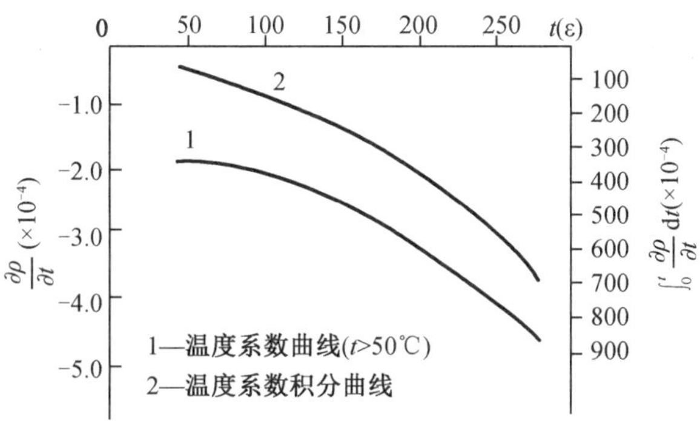

图 2.26 典型压水堆温度系数曲线

③中毒效应

在进入稳定功率运行状态的前段引起控制棒移动的主要原因是中毒效应。

图 2.27 为开堆后不同功率水平平衡氙毒曲线,说明氙毒平衡时间与功率水平有关,功率水平高,氙毒平衡时间长;还说明控制棒所补偿的反应性量与功率水平有关,功率水平愈高,则要克服平衡氙毒所补偿的反应性量就愈大,反之亦然。为此在氙平衡之前的时间里要求控制棒不断地提升来补偿氙毒的负反应性,只有这样才能保持堆功率不变。

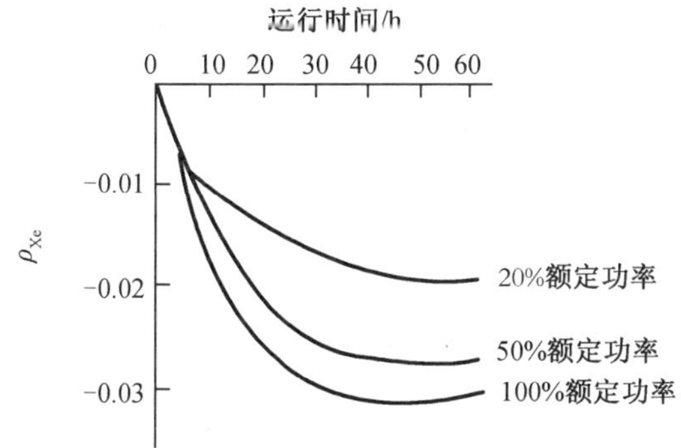

图 2.27 开堆后不同功率水平平衡氙毒曲线

④燃耗效应

在短期运行的堆中,燃耗一般是不重要的因素。

因为燃耗反应性是个缓慢的效应,只有在长期运行的基础上才会显示出来。堆每运行一个满功率天由燃耗引起的反应性减少量称为燃耗反应性,它是个负值。但长时期功率运行的反应堆必须考虑燃耗反应性,因为用反应性度量的燃耗值涉及换料周期时,它又是个主要问题。

此外,负荷、流量、功率变化也会引起反应性变化,这些效应也是引起堆内反应性变化的因素。

以上这些功率运行中反应性的变化,都需经过控制棒调整棒栅位置来维持其堆功率的稳定运行。

(2)稳定工况运行时棒栅位置的调整

堆稳定运行受到内部和外部的影响,控制棒需要不断地升降才能维持堆稳定运行在某一功率水平上。由于控制棒经常升降移动,必然改变堆芯内中子通量分布,影响功率的分布并影响堆功率输出,因此要经常调整棒栅位置,改善通量分布。

我们知道中子通量分布与功率分布是成正比的,而功率分布与堆芯温度分布有关。控制棒所处的位置关系到堆的中子通量分布也关系到堆芯温度分布。反应堆输出功率受到热管、热点温度的影响,在最佳的提棒方式下通量有较平坦的分布,不利因子小,可保证其输出额定功率。但反应堆稳定运行受到内部和外部的影响,有时会出现通量分布的倾斜。如图 2.28 所示,不利因子过大,从而输出功率降低。对于控制棒轴向通量分布倾斜,一般出现在堆寿期的初期,由于部分插入控制棒对径向通量分布的改善常常比轴向分布的变化大,即使这样也要避免因热点温度过高烧毁元件的可能。因此除自动调节棒外,要求在最佳提棒方式下尽可能地把控制棒插到底或提到顶,要避免使控制棒停留在 1/4~1/3 高度上,因为这时轴向不利因子最大。

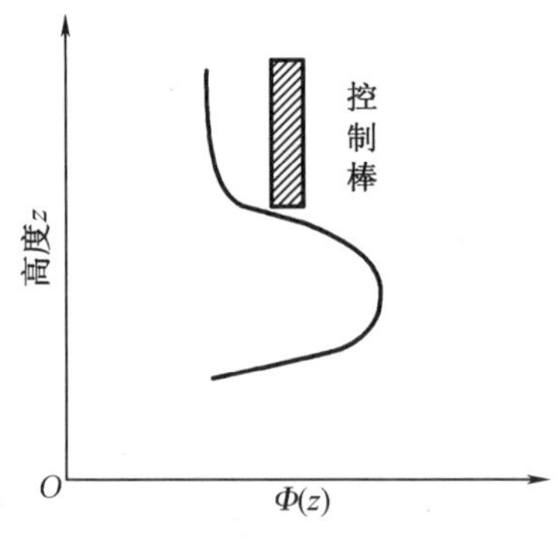

图 2.28　轴向通量分布

在高功稳定运行时要经常调整控制棒的位置。离棒的底端或顶端 1/3 处棒的效率都比较低而棒的中间部位效率较高,若棒处于底端或顶端时调节功率会出现满足不了过大的反应性扰动的情况,因此要经常手动操作其他棒位把控制棒调整到中间段位置,以适应反应性扰动的要求。

当然,反应堆也可以在歪斜的通量分布下运行,但是因不利因子较大而功率峰所形成的热点温度的限制,常常需要反应堆降低功率运转。也就是说在通量发生歪斜的情况下,反应堆虽能工作,但不能开到满功率运行。

3. 功率运行时稳压器压力控制

反应堆在功率运行时,冷却剂系统压力必须保持在一定的范围内,对于压水堆型动力装置,稳压器的压力直接反映冷却剂系统的压力。因此无论动力装置在何功率水平上运行,稳压器始终控制着反应堆冷却剂的压力。这是因为当压水堆为适应负荷变化而运行在某功率水平时,因冷却剂系统、温度场分布和平均温度的变化,或因冷却剂系统补水,或因泄漏等原因均会引起系统中水容积的波动,从而导致系统压力的变化。若压力过高,因应力的影响会使系统设备受到破坏;若压力过低,则会造成堆芯局部沸腾,严重时可能会出现体积沸腾而烧毁燃料元件。

压水型反应堆在功率运行时，一般要严格按稳压器温度压力运行控制图来进行，温压控制图的额定值包括设计压力定值、安全阀副阀开启压力定值、安全阀整定压力定值、蒸汽释放阀打开定值、压力上限定值、蒸汽释放阀关闭定值、喷雾控制阀开启定值、喷雾控制阀关闭定值、切除稳态组电加热器定值、额定运行压力定值、投入稳态组电加热器定值、压力下限定值、紧急停堆定值、安全注射定值等，详见图 2.29(a)。

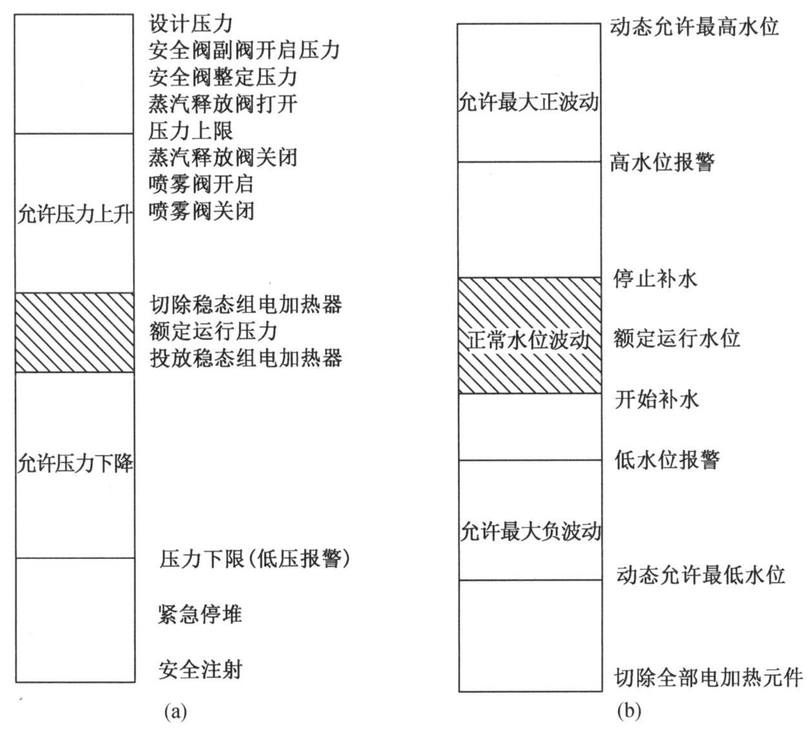

图 2.29 典型压水堆稳压器压力、水位控制图

在正常情况下，当系统的压力上升超过压力整定值上限时，喷雾流量可以在最小流量到最大流量范围内变动。当系统压力下降，可启动稳态组电加热器间断运行，补偿稳压器的热损失，使其压力在正常范围内。

在发生事故的情况下，由于种种原因引起系统压力持续上升，且稳压器喷雾流量开到最大仍不足以补偿和限制系统的超压时：稳压器顶部的泄压阀开放，释放部分冷却剂的饱和蒸汽。若系统压力仍未下跌而继续上升，则与稳压器顶部和卸压阀并联的安全阀动作，以限制系统超压，从而保护核动力反应堆的安全。

4. 功率运行时稳压器的水位控制

在功率运行时，稳压器的水位是表征冷却剂体积变化的，即它补偿由于功率运行突变而引起的反应堆内的冷却剂体积变化，因此在运行中要严格按稳压器的水位控制图来进行控制。其控制的主要内容有动态允许的最高水位定值、高水位报警定值、停止补水定值、额定运行水位定值、开始补水定值、低水位报警定值、动态允许最低水位定值等，详见图 2.29(b)。

当动力装置正常运行时，一般采取在某种负荷上冷却剂平均温度不变，而改变二回路蒸汽温度和压力来维持稳压器水位的运行方案,或改变冷却剂平均温度,而二回路蒸汽压力不变,来维持稳压器的水位在正常的范围内,以平均温度为主调节参数时,稳压器水位被看作冷却剂平均温度 T_{av} 的函数来控制的运行方案。根据一个给定的 T_{av} 来计算稳压器水位的整定值,当功率减少时冷却剂平均温度降低,则一回路水体积收缩,稳压器水位也降低。

还有一种是将其看作冷却剂平均温度 T_{av} 的函数来控制的运行方案。根据一个给定的 T_{av} 来计算稳压器水位的整定值,当功率减少时冷却剂平均温度降低,则一回路水体积收缩,稳压器水位也降低。

从以上分析中可知稳压器中水位控制是极为重要的,必须引起操作人员的高度重视。

2.3.3 变工况运行

改变工况运行是指反应堆运行功率随时间变化的过渡过程。改变工况运行也是核动力装置的重要形式。对以压水堆为主要形式的反应堆在改变工况时,一般根据二回路负荷的需要,将反应堆功率调整到适应二回路所需的功率上,无论是升功率还是降功率,在改变工况过程中,反应堆的功率随时间改变,直至稳定在所需的功率上为止(进入稳定工况运行)。核动力反应堆变工况运行时的操纵形式一般有两种,即不连续改变工况和连续改变工况。所谓连续改变工况,就是反应堆功率根据二回路负荷要求,从某一功率直接提升或下降到所需功率水平上(事故停堆时的操作也属连续改变负荷)。其优点是速度快;缺点是容易发生事故,如反应性事故、超功率事故等。所谓不连续改变工况,是指根据二回路负荷逐级提升或降低功率,待某一功率基本稳定后再提升或降低功率。其优点是安全性好,缺点是需要改变工况的时间长一些。对于一般核动力装置根据当时的实际情况来确定改变工况的方式。对于改变工况的种类一般分两种,即提升功率和降低功率。

1. 提升功率时的操纵

提升功率之前,一般先根据负荷的要求确定提升功率的终值,并估算出临界棒栅位置。根据系统的参数,投入窄量程仪表。当蒸汽发生器的蒸汽压力达到一定值时,向二回路供汽。在启动辅机的过程中,手动操纵控制棒跟踪负荷,维持蒸汽发生器的蒸汽压力在一定的范围内,当发电机带负荷运行后,将核测量、功调转换装置的转换开关放在“功调”位置上,在20%额定功率以前只能用手动控制,20%额定功率以上时即可投自动控制,使反应堆运行在所需的功率水平上。当外负荷增加时,汽轮机进气调节阀开大,蒸汽量增加,蒸汽发生器中的压力将下降,使蒸汽发生器的水位增加,通过给水泵调节,恢复水位。同时,控制棒驱动机构电源接收来自功率调节器的信号,通过控制棒的调节来增大功率。压水堆的功率调节系统一般采用温度为主调节参数,即以调节冷却剂平均温度的方法来消除一回路功率和二回路功率间的不平衡。在提升功率的过程中,稳压器中压力应保持在一定范围内,以避免堆芯冷却剂有产生沸腾或超压的危险。冷却剂温度的变化将引起稳压器中水体积的变化,所以稳压器水位整定值也随负荷要求而定,使其运行在一个安全的区域内。压水堆另一种运行方式是一回路冷却剂平均温度不变,负荷变化后引起一回路冷却剂平均温度变化,通过控制棒的移动来改变堆功率,使堆内平均温度维持不变。

2. 降功率时的操纵

降功率一般是升功率时的逆操作,甩负荷属于降功率的特例。为保证动力装置的安全,在降功率时也有一些限制,即要按规定的速率降功率,当功率降至20%额定功率时自动切换至手动。降负荷的速率除受到反应堆降温降压的速率限制外,还要受到汽轮机汽缸金属温度允许下降速度的限制。一般来说,每下降一定负荷后,应停留一段时间,让汽轮机汽缸和转子温度均匀下降,调整二回路给水流量,将给水控制从主给水阀切换到旁路阀,并降低蒸汽发生器二次侧水位到规定值,蒸汽排放系统从冷却剂平均温度控制切换到蒸汽压力控制。当降负荷到一定功率以下时,由压力控制系统给出蒸汽排放的信号来控制和维持蒸汽供应系统和汽轮机之间的功率差。当反应堆在高负荷或满负荷运行时,若完全甩负荷,此时大量蒸汽必须排放到冷凝器或通过主蒸汽管道上的蒸汽释放阀进行释放,反应堆紧急停闭,并按有关操作规程进行操作。

3. 改变工况时堆内主要参数的变化规律

反应堆功率过渡工况是通过反应堆动力装置各参数的变化来表征的。管理核动力装置,就是根据各参数的仪表指示来判断和监督它的运行状态,并做出相应的操作。为确保核动力装置的安全,有必要对各主要参数的变化规律进行分析,以便在实际的运行管理中能够灵活运用。

我们知道,反应堆动力装置的稳定运行状态是根据传热平衡关系而建立的,即

$$P_t = Gc_p(T_h - T_c) = kA(T_{av} - T_s) = G_s(h_s - c_w T_w) = Q$$

式中 P_t——反应堆热功率;

G——回路流量;

c_p——冷却剂比定压热容;

T_h——反应堆出口温度;

T_c——反应堆入口温度;

A——蒸汽发生器传热面积;

k——蒸汽发生器总的热传系数,它与冷却剂流量有关;

T_{av}——反应堆平均温度;

T_s——二回路蒸汽温度;

G_s——二回路蒸汽质量流量,其值等于给水流量;

h_s——二回路蒸汽热焓;

c_w——给水比热容;

T_w——给水温度;

Q——汽轮机和冷凝器所吸收的功率。

上式成立的条件是忽略了中间热传递的热损失,同时认为动力装置的传热介质是饱和蒸汽。假定不考虑传热时的延时条件,我们来分析几个主要参数的变化规律。

(1)反应堆热功率 P_t

反应堆热功率的变化与一回路流量及堆进出口温度有关,在流量不变的情况下,功率变化决定于堆的进、出口温差,即可从 $P_t = Gc_p(T_h - T_c)$ 看出。

(2)反应堆出口温度 T_h

过渡过程中，在冷却剂流量不变的条件下，反应堆出口温度决定于反应堆的功率和平均温度的变化，即

$$\Delta T_h = \frac{\Delta P_t}{2Gc_p} + \Delta T_{av}$$

也就是说，反应堆功率的改变或平均温度的改变影响反应堆出口温度的改变。这样，当发现堆出口温度升高或降低时，就可判断此时反应堆的功率或平均温度的变化。

(3)反应堆平均温度 T_{av}

在堆冷却剂流量恒定的情况下，平均温度的变化随堆芯反应性变化和堆进出口温度变化而变化，即

$$\frac{dT_{av}(t)}{dt} = [T_{av}(0) - T_c(0)]\frac{1}{P}\frac{dp}{dt} + \frac{dT_c(t)}{dt}$$

将$\frac{1}{P}\frac{dp}{dt} = \frac{1}{\beta-\rho}\left(\lambda\rho + \frac{d\rho}{dt}\right)$代入上式，有

$$\frac{dT_{av}(t)}{dt} = [T_{av}(0) - T_c(0)]\frac{\lambda\rho + \frac{d\rho}{dt}}{\beta-\rho} + \frac{dT_c(t)}{dt}$$

即在反应堆进口温度 T_c 不变时，$\frac{dT_c(t)}{dt} = 0$，则平均温度的升高或下降由控制棒的提升或下插来决定。提升控制棒时，向堆芯引入一个正的反应性速率$\frac{d\rho}{dt}$，引起堆平均温度升高，否则下降。此时堆的平均温度随进口温度变化而变化，其$\frac{dT_{av}(t)}{dt}$的符号变化与$\frac{dT_c(t)}{dt}$相同。堆进口温度变化与二回路负荷变化有关。

(4)反应堆进口温度 T_c

在过渡过程中，反应堆进口温度 T_c 的变化取决于二次侧的蒸汽温度 T_s(T_s 又与 G_s 有关)，所以 T_c 也与 G_s 有关，其关系式为

$$T_c = \frac{2KA}{2Gc_p + KA}T_s + \frac{2Gc_p - KA}{2Gc_p + KA}T_h$$

在冷却剂流量不变的条件下有

$$\frac{dT_c}{dt} = \frac{2KA}{2Gc_p + KA} \cdot \frac{dT_s}{dt} = \frac{2Gc_p - KA}{2Gc_p + KA}\frac{dT_h}{dt}$$

上式表明，假如蒸汽温度未改变，因堆出口温度升高而引起堆进口温度升高，这是由于出口温度升高，导致蒸汽温度经过一段时间后升高，又影响堆的进口温度升高，反之就下降。

假如反应堆出口温度未变化，因负荷变化引起 T_c 发生变化，$\frac{dT_s}{dt}$是有正或负的量值时，则$\frac{dT_c}{dt}$也相应地产生或正或负的量值变化。

(5)二次侧蒸汽压力

二次侧蒸汽压力与一回路传给二回路热量 Q、蒸汽流量 G_s 及二次侧给水温度 T_w 有关。蒸汽热焓 h_s 为

$$h_s=\frac{Q}{G_s}+c_w T_w$$

对时间微分可得

$$\frac{dh_s}{dt}=\frac{1}{G_s}\frac{dQ}{dt}-\frac{Q}{G_s^2}\cdot\frac{dG_s}{dt}+c_w\frac{dT_w}{dt}$$

蒸汽热焓变化符号与传递热量和给水温度符号相同,而与蒸汽流量 G_s 变化符号相反。

饱和蒸汽压力 p_s 与蒸汽热焓 h_s 的关系见图 2.30,图中曲线表示饱和蒸汽压力 p_s 在 1.96 MPa 区段内与它对应的热焓的变化关系,说明热焓增加蒸汽压力上升,反之压力下降。

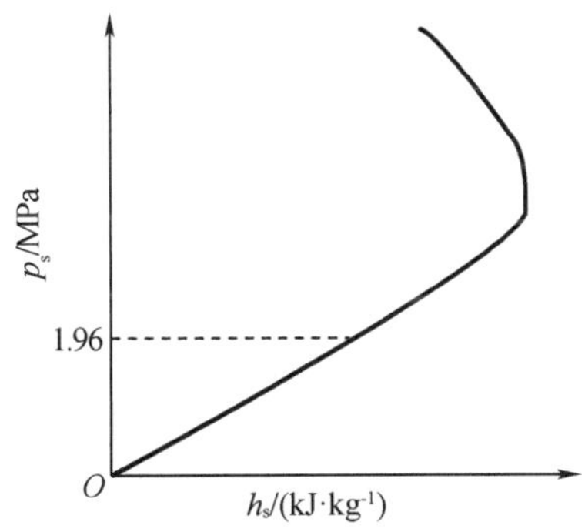

图 2.30　P 与 h 的关系曲线

因此可以得出结论:蒸汽压力变化符号与传递热量 Q 或给水温度 T_w 的符号相同,而与蒸汽流量 G_s 变化符号相反。

当一回路传递给二回路热量不变时,同时二回路的给水温度也不变,只是在蒸汽流量增加或下降时,蒸汽压力 p_s 才随之下降或上升。

蒸汽流量的大小是根据汽轮机负荷功率需求,由喷嘴阀的开度来决定的。这就是说,主机升负荷,喷嘴阀增大,蒸汽流量增加,此时蒸汽带走的热量增加,导致蒸汽压力下降。

当二回路蒸汽流量不变,给水温度 T_w 不变,只是一回路向二回路传递热量 Q 增加(或下降)时,蒸汽压力 p_s 随之增加(或下降)。这相当于二回路负荷不变,而一回路增加的热量传给二回路,使蒸汽压力上升。

当二回路蒸汽流量不变,传递热量不变。只有给水温度 T_w 变化时,蒸汽压力随之变化,给水温度 T_w 增加(或下降),蒸汽压力增加(或下降)。一般给水温度 T_w 是不变的,只有在二回路给水设备故障或误操作时才会产生这种情况。

(6)一回路压力 p

一回路压力是由稳压器建立的,在功率运行时稳压器由蒸汽汽腔产生饱和蒸汽从而建立起整个系统的压力。当冷却剂体积变化时,稳压器的水体积也要发生变化,并影响到蒸汽体积的变化。冷却剂体积变化是受堆平均温度影响的,即

$$\Delta V(t)=V_0\alpha\Delta T_{av}(t)$$

式中　V_0——$t=0$ 时的冷却剂体积；

α——冷却剂体积膨胀系数。

$\Delta V(t)$是冷却剂因平均温度变化而引起的体积变化。假如冷却剂因平均温度升高引起体积膨胀，$\Delta V(t)$为正，此时冷却剂通过波动管向稳压器流动，使稳压器的蒸汽被压缩。被压缩的蒸汽体积是 $\Delta V(t)$，其与冷却剂体积膨胀部分的关系为

$$\Delta V(t)=-\Delta V_p(t)$$

因此引起系统压力升高 Δp。假设稳压器压力与蒸汽体积的变化是个等熵的绝热过程，则

$$\Delta V_p(t)=\left.\frac{\partial p}{\partial V_p}\right|_s\Delta V_p(t)$$

式中，$\left.\frac{\partial p}{\partial V_p}\right|_s$ 是 $p-V$ 绝热曲线的斜率，它是负值，所以

$$\Delta V_p(t)=\left.\frac{\partial p}{\partial V_p}\right|_s[-\Delta(t)]$$

整理可得

$$\Delta V_p(t)=-\left.\frac{\partial p}{\partial V_p}\right|_s V_0\cdot a\Delta T_{av}(t)$$

这就是压力波动 $\Delta p(t)$与冷却剂平均温度 $\Delta T_{av}(t)$之间的依赖关系。这表明只要冷却剂平均温度变化，就会引起一回路系统的压力发生变化。平均温度增加会引起压力上升，反之下降。

以上分析可提供我们在改变工况运行时监督各参数变化的相互关系，以便正确判断反应堆的状态。当然在改变工况时，不仅改变以上参数，还要综合考虑其他有关参数的变化以使核动力装置安全可靠地运行

2.3.4　核电站停止——从100%额定功率至冷停堆

1. 初始条件

(1)电站在100%满负荷下稳定运行，DEH 系统处于“操纵员自动”模式。

(2)反应堆功率调节系统处于“自动”方式，T4 调节棒组保持在调节带范围内运行，轴向功率偏差 ΔI 控制在目标带内工作。

(3)稳压器压力控制系统、稳压器液位控制系统处于“自动”工作状态。

(4)汽机旁路排放系统置于“平均温度”控制方式。主蒸汽大气释放阀处于自动状态。

(5)蒸汽发生器液位由主给水调节阀自动控制调节。

(6)反应堆补给控制系统置于“自动补给”方式运行。一台离心式上充泵运行，另一台离心式上充泵热备用。

(7)反应堆保护系统、汽轮发电机组保护系统及各保护系统之间的连锁均处于正常工作状态。

(8)专设安全设施处于热备用(待机)状态。

(9)一回路反应堆冷却剂系统运行水质,硼回收系统再生补给水水质,设备冷却水系统水质,换料水箱和燃料贮存水池水质,二回路给水水质,蒸汽发生器二次侧水质,除氧器水质,冷凝器水质均符合设计指标,一、二回路各系统设备的油质符合运行要求。

(10)一、二回路各系统的调节阀门处于“自动”工作状态,各系统的运行设备运转正常,备用设备处于良好的待机状态。

(11)空调、送排风系统工作正常,各设备间和各工艺房间的风量、温度、湿度符合设计要求值。

(12)通信、调节联络畅通。

2. 注意事项

(1)总的注意事项

①一回路补水箱和硼酸贮存箱的液位都在规定值以内,硼酸贮存箱的硼浓度应为7 000 ppm。

②硼回收系统处于运行状态,硼酸暂存箱有足够的容积可随时接受排水(至少有一只暂存箱是空的)。

③换料水箱、安注箱、应急补水箱的液位均在正常值,换料水箱、安注箱内硼浓度及安注箱内压力在规定值。

④进行调硼操作时,稳压器内的硼浓度与一回路反应堆冷却剂系统冷却剂内的硼浓度差不得超过正常值,否则应手动投入稳压器备用组电加热器或手动打开稳压器喷雾阀。

⑤主冷却剂中硼浓度变化后,应将反应堆补给控制系统硼浓度的设定值调整到与主冷却剂中的新硼浓度值相一致。

⑥从15%电功率下降到热停堆工况前,要估算出反应堆冷停堆或热停堆时的主冷却剂硼浓度值。

⑦当进行硼浓度、氙毒浓度、主冷却剂温度及控制棒组变化的操作时,则事先应把停堆棒组A1、A2置于全提出的位置,但有以下两种情况例外:

a. 当主冷却剂硼浓度已达到冷态停堆硼浓度,电站已处于冷却状态;

b. 主冷却剂系统已硼化到热停堆无氙状态,并维持热态温度不变时,但为增加安全余量,停堆棒组A1、A2也在全提出的位置,在反应堆开盖或主冷却剂系统排水检修前,则在主冷却剂系统压力下降之前,应把停堆棒组A1、A2插入反应堆堆芯底部。

⑧主冷却剂系统硼浓度变化操作中,至少要有一台主泵或一台停冷泵在运行。

(2)负荷下降时的注意事项

①功率下降以后,产生氙的积累和衰变,使反应性发生变化,所以必须预计由于功率变化所导致的氙变化影响,必要时应调整硼浓度,使调节棒组始终处于正常的调节带范围内。

②当ΔT停堆设定值与实际ΔT的余量显著减小时,不得进行负荷变动操作,直到停堆余量满足要求后,才可进行负荷变动操作。

③当系统处于不稳定状态时,应尽量避免负荷的急剧变化。

④主冷却剂硼浓度变化过程中,如果控制棒动作和平均温度T_{av}变化向相反方向动作时,应中止硼浓度变化的操作。

⑤当控制棒进行“手动”控制时,应避免控制棒过量的移动和原因不明的过大补偿。

⑥为尽量减少负荷变化过程中的反应堆停堆可能性，应把调节棒组 T4 尽量置于最小微分当量的位置，即较上部或较下部位置。

⑦降负荷过程中，应遵守汽机启动、加负荷推荐曲线。见附图 A.2。

⑧负荷下降过程中，应遵守轴向功率分布限值的规定。

⑨降负荷过程中，要密切监视各自动控制系统的动作情况，以防止发生拒动或误动。

(3)最小负荷时的注意事项

①反应堆在 15%以上额定功率运行时，棒控系统处于“自动”控制状态，低于 15%额定功率时，改为“手动”控制。

②主冷却剂平均温度应尽量维持与参考平均温度相同，其差不得超过规定范围。

③反应堆在低功率运行过程中，任何情况下主冷却剂温度、硼浓度的阶跃变化均应在规定范围内。

④停止汽轮机前，为防止连锁停止反应堆，应事先确认连锁信号已出现(即反应堆功率和汽机负荷均小于 10%)。

⑤汽机功率在 10%额定负荷以下运行时，低压缸入口蒸汽温度不得超过 204 ℃。

⑥汽机应尽量避免在 5%额定负荷以下的较长时间运行。

⑦汽机运行时，必须保持高真空，汽机降速时要避开机组在共振点停留。见附图 A.3。

(4)热停堆时的注意事项

①确认调节棒组 T1、T2、T3、T4 完全插入堆芯，停堆棒组 A1、A2 保留在全提出位置。

②主冷却剂温度由汽机旁路排放压力控制或主蒸汽大气释放阀控制，维持在 280 ℃的热停堆工况。

③蒸汽发生器水位由辅助给水系统维持在热态零功率水位。

④停堆后，至少要有一个源量程中子通道投入工作，监测中子计数的变化。

⑤主冷却剂平均温度超过 180 ℃时，至少要保证有一台蒸汽发生器是在运行的。

⑥任何时候，反应堆冷却剂温度在 180 ℃或停冷系统尚未投入运行，稳压器的两个安全阀都应是可运行的。

⑦在主冷却剂温度下降到 70 ℃以前，不能停止最后一台主泵运行。

⑧反应堆处于物理临界状态下，两台主泵必须在运行。

⑨反应堆停堆后，若计划在 10 h 内重新启动，冷却剂不需要进行加硼处理，若 10 h 后不能重新启动，则对冷却剂需进行加硼处理，如果热停堆时间超过 20 h 或瞬态氙将近消失而仍需继续保持热停堆时，则应增加主冷却剂硼浓度到热态零功率无氙毒的硼浓度值。

(5)降温降压时的注意事项

①主冷却剂开始降温降压前，必须把主冷却剂的硼浓度硼化到高于或等于冷停堆时的硼浓度，即确保无氙停堆深度大于最低限值，冷却过程中的补给水的硼浓度要等于主冷却剂硼化后的硼浓度值。

②主冷却剂的正常冷却速率应在限值内，稳压器冷却速率应在限值内，在 A 阶段降温降压过程中，稳压器与反应堆出口冷却剂温差应大于 50 ℃，但不能超过 90 ℃，一般控制在 50~70 ℃。

③电站升温升压或降温降压运行中，当稳压器液相温度和喷雾流体温度相差超过一定值

时,禁止打开稳压器喷雾阀,超过 180 ℃时,禁止打开辅助喷雾阀。使用辅助喷雾时,应缓慢地增加上充管线流量。

④当停止回路内的温度与运行回路内的温度之间的温差接近允许上限时必须启动停止回路的主泵。

⑤主冷却剂温度未降到 180 ℃以下,压力未降到最低限制范围时,禁止投入停冷系统。停冷系统应在稳压器汽腔存在时投入工作。

⑥停冷系统投入前,为避免主冷却剂系统压力波动和热冲击,必须进行停冷系统暖管预热,在暖管预热前要取样分析停冷系统的硼浓度,若硼浓度低于主冷却剂硼浓度,则要先进行硼化操作。

⑦在冷停堆过程中,必须经常取样分析主冷却剂系统的硼浓度,确保硼浓度不被稀释。

⑧反应堆冷却剂在降温降压过程中的温度、压力变化,必须遵照技术规范所定的温度-压力曲线,见附图 A.1。

⑨主冷却剂温度大于规定值或控制棒驱动装置线圈通电时,不得停止冷却控制棒驱动装置的冷却风机。

⑩为在蒸汽发生器二次侧压力达规定值之前能闭锁蒸汽压力低安注信号,在降温降压过程中,一定要使稳压器压力先降到压力限值,以防止蒸汽压力低引起安注动作。

⑪当主冷却剂压力降到压力限值以下时,再确认稳压器安注闭锁。

⑫允许指示灯亮后,按对应闭锁按钮,闭锁低压安注、安注给水管道隔离和主蒸汽管道隔离等。

⑬当主冷却剂压力低于规定值时,手动关闭安注箱出口隔离阀,并断开阀门电源。

⑭稳压器汽腔消失成为水实体且反应堆冷却剂温度低于 180 ℃时,为防止超压,应将稳压器卸压阀投入低压保护位置。

⑮降温降压过程中,应确保主冷却剂温度降到低-低平均温度之前,压力已降到允许信号设定值,从而手动闭锁低-低平均温度安注信号。

⑯主冷却剂系统压力低于运行限值时,主泵不允许运行,压力低于规定值时,必须关闭主泵轴封水回流阀。

⑰主冷却剂压力低于规定值时,不得进行控制棒的操作。

⑱反应堆主冷却剂温度低于规定值后,主泵停止后,应继续保护主泵轴封水与设备冷却水的供应,一定时间后,才允许停止主泵设备冷却水的供应。

⑲主冷却剂系统在水实体状况下,二台主泵停止运行超过 5 min,而且主冷却剂温度又大于上充和主泵轴封注入水温度时,启动主泵要慎重。

⑳若因更换燃料或者检修需打开主冷却剂系统前,应适当增加下泄,上充流量,使主冷却剂进行净化和除气。

㉑当反应堆停止时,至少要有一个稳压器安全阀是可运行的。

㉒主泵全部停止后,停冷泵还需继续运行进行主冷却剂系统的冷却。

㉓在专设安全设施未进行闭锁前,专设安全设施要处于热备用状态。

㉔在正常运行或热停堆工况下,主冷却剂系统与蒸汽发生器二次侧的压差不得超过允许限值。

㉕反应堆冷却剂温度未降到65℃以下时,应急电源要处热备用状态。

㉖在反应堆冷却剂系统降温期间,将停堆断路器断电,或将所有控制棒均提起10步以上。

3. 操作步骤

(1)反应堆及一回路动作

①功率下降准备。

a. 确认反应堆控制棒在规定的调节带内,运行正常。

b. 蒸汽发生器水位维持在程序水位,主给水流量调节阀自动工作稳定。

c. 汽机旁路排放阀为“平均温度”控制方式。

d. 确认冷却剂平均温度与参考平均温度的差在±1.0 ℃内。

②功率下降。

反应堆功率自动跟踪汽机功率的下降。

a. 确认控制棒T4开始自动插入。

b. 对冷却剂系统进行硼浓度调整(硼化),维持控制棒在调节带上限内,并确认。

- 控制棒动作正常,冷却剂平均温度和参考平均温度的差值维持在±1.0 ℃范围内。
- 稳压器压力和水位自动调节正常,压力维持在15.3 MPa。水位按程序水位自动变化。
- 蒸汽发生器给水控制动作正常,水位按程控水位变化。
- 堆外核测系统指示正常。
- 超温、超功率设定值与实际温差ΔT之间留有充分的裕度。

c. 确保轴向中子通量偏差ΔI始终在目标范围内。

d. 其他设备运行正常。

e. 发电机降功率时,若反应堆功率调节系统处于手动控制工况,则:

- 手动插棒降低反应堆功率,确保冷却剂平均温度与参考平均温度之差在±1.0 ℃范围内;
- 对冷却剂系统进行硼浓度调正,维持控制棒在调节带内动作;
- 其余确认事项同上面的自动控制工况。

③发电机功率达15%额定功率。

a. 将控制棒控制方式选择开关从“自动”切至“手动”,手动控制调节棒,反应堆功率手动跟踪汽机功率下降。

b. 调整冷却剂硼浓度,使调节棒保持在调节带范围内,并维持冷却剂平均温度与参考平均温度之差值在±1.0 ℃以内。

④汽机旁排阀由“平均温度”模式改为“压力”控制模式。

a. 确认汽机旁排阀控制器的设定值定在规定值。

b. 确认汽机旁排阀在全关闭位置。

c. 确认实际蒸汽压力低于设定值,同时按下汽机旁排阀控制方式选择按钮和“释放”按钮,确认压力模式指示灯亮,平均温度模式指示灯灭。

⑤功率下降。

a. 手动下降调节棒,使反应堆功率跟随发电机功率下降。

b. 功率下降过程中,确认以下参数正常:

- 控制棒位置在规定范围内;
- 稳压器压力、水位自动控制正常;
- 蒸汽发生器水位维持在程控水位处,主给水旁通流量调节正常;
- 核测量仪表指示正确;
- 冷却剂平均温度与参考平均温度的差值在±1.0 ℃以内。

⑥功率达10%额定功率。

a. 发电机功率下降过程中,当功率低于10%时,确认“允许”指示灯灭。

b. 当核功率低于10%时,中间量程中子通量高和功率量程中子通量低整定值,反应堆停堆的闭锁自动解除,相关指示灯熄灭。

⑦发电机解列。

a. 确认反应堆功率已手动跟踪正常,维持冷却剂平均温度与参考平均温度的温差在±1.0 ℃。

b. T调节棒组已处于合适的位置。

⑧功率下降。

a. 确认允许指示灯熄灭。

b. 手动插入控制棒,使反应堆功率达1%~2%额定功率。

c. 确认反应堆冷却剂平均温度由汽机旁排阀自动控制在280 ℃。

⑨插入调节棒组到底,停止反应堆。

a. 将调节棒组按插入程序依次插入。

b. 当降低反应堆功率到规定范围时,维持此功率,停止插棒。

c. 当反应堆功率稳定在规定范围时,记录以下临界参数。

- 反应堆功率。
- 冷却剂回路平均温度。
- 一回路冷却剂硼浓度。
- 棒位置。
- 记录日期和时间。

e. 继续下插调节棒组,当两个中间量程仪表指示均小于规定值时,确认相关信号灯熄灭,两个源量程通道自动投入工作,此时恢复源量程高压供电,如果没有恢复应手动投入源量程高压,恢复源量程仪表通道工作。

f. 当最后一组调节棒插到底后,停止插棒,根据棒位指示确认调节棒组已全部插到底后,再将调节棒组依次提起10步。

g. 投入源量程音响计数装置。

⑩调整热态停堆硼浓度。

a. 若电站计划为热停堆运行工况,则将反应堆冷却剂硼化到热停堆无氙毒的停堆裕度。

b. 若电站计划为冷停堆运行工况,则将反应堆按冷却剂冷停堆无氙毒的硼浓度值进行硼化。

c. 手动投入一组或几组稳压器备用电加热器，使稳压器喷雾阀自动开启，从而使硼化操作时，稳压器内硼浓度与冷却剂内硼浓度得到充分混合。

d. 加硼结束，经充分混合后，将反应堆补给水系统按新的硼浓度设定，并投自动。

e. 将手动投入的一组或几组备用电加热器切除，并将其控制开关投入“自动”状态。

f. 硼化一定时间后，取样分析稳压器与冷却剂回路的硼浓度，确认是否达到要求的硼浓度值。

⑪热态停堆状态的确认。

a. 反应堆冷却剂平均温度由汽机旁排系统(或主蒸汽大气释放阀)维持在 280 ℃。

b. 反应堆冷却剂压力由稳压器喷雾系统和电加热系统自动维持在 15.3 MPa。

c. 稳压器水位自动维持在零功率水位。

d. 停堆深度 K_{eff} 在规定范围内。

e. 蒸汽发生器液位由辅助给水泵供给，并自动维持在零负荷水位。

⑫一回路冷却剂的净化。

a. 为降低一回路冷却剂的比活性开启下泄孔板隔离阀，将下泄流量增加到要求值。

b. 观察上充流量调节阀自动跟踪情况，维持稳压器和容积控制箱水位在正常规定值。

c. 及时调节主泵轴封对应阀开度，保持主泵轴封注入水流量在规定范围内。

d. 降温降压。第一阶段操作中，尽量维持下泄流量在规定范围内。

⑬反应堆冷却剂进行冷停堆的硼化。

a. 若电站计划到冷停堆工况，按给定的冷停堆无氙毒硼浓度，查表进行硼化操作。

b. 将上充流量调节阀的控制器切除自动改手动。

c. 按反应堆冷却剂硼化操作规程，将浓硼酸注入一回路冷却剂系统。

d. 手动调节上充流量调节阀开度，维持容控箱水位，防止注入的浓硼酸从容控箱入口的三通阀排入硼酸暂存箱。

e. 手动投入 1 组或几组稳压器备用电加热器，使稳压器喷雾阀自动开启，搅匀稳压器和冷却剂回路间的硼浓度。

f. 混合均匀，待稳定后取样分析稳压器、冷却剂回路和容控箱的硼浓度，直至符合硼化要求为止。

g. 硼化结束后，切除手动投入的 1 组或几组备用电加热器，并将其控制开关投入“自动”状态。

h. 将反应堆补给水控制系统投入自动，并按回路冷却剂新的硼浓度值进行设定。

⑭反应堆冷却剂系统降温降压。

a. 确认反应堆冷却剂系统与稳压器内硼浓度已混合均匀。

b. 确认冷却剂已净化达到要求，如净化尚未进行或未达到要求，则在降温降压过程中继续进行净化。

c. 保留一组稳压器备用电加热器运行，切除其余全部电加热器。

d. 确认上冲流量调节阀已在手动，开大上充流量调节阀，缓慢使稳压器水位上升。

e. 缓慢间断降低汽机旁排阀压力控制器的设定值，增加蒸汽排放量，控制冷却剂的冷却速率在限值内。

f. 将稳压器喷雾阀解除自动，手动调节打开稳压器喷雾阀进行稳压器降温降压，控制降温速率在限值内。

g. 当一回路冷却剂系统压力降到 14.9 MPa 时，发出“稳压器压力低”警报，并连锁阻止稳压器卸压阀开启。

h. 随着反应堆冷却剂系统的降温，不断手动调节上充流量调节阀，继续使稳压器水位缓慢上升，当稳压器水位上升到 80%水位时，手动调节上充流量调节阀，保持此水位不变。

⑮反应堆冷却剂除气

a. 将容控箱内的氢气置换成氮气：

- 关闭相关阀门；
- 将容控箱水位控制阀放“手动”位置，并导向容控箱；
- 解除反应堆补给控制系统自动，手动开大补给水阀，使容控箱水位逐渐上升到 95%左右；
- 手动打开氮气补气阀；
- 手动关小补给水阀，使容控箱水位逐渐下降至 15%，随着水位的下降，氮气自动补入；
- 重复上述第 3 项至第 5 项操作 1~2 次直至取样分析合格；
- 当容控箱水位达到正常值后，将反应堆补给控制系统投“自动”，将容控箱水位控制阀设为“自动”。

b. 维持稳压器水位在 80%左右。

⑯安全注射闭锁。

a. 当反应堆冷却剂系统压力降至 13.1 MPa 时，确认“安注允许闭锁”信号指示灯亮。

b. 按闭锁按钮，应发出“安全注射闭锁”信号，“安注、给水、主蒸汽管道隔离阀”信号和“冷却剂低-低平均温度与符合安注闭锁”信号。

c. 上述闭锁信号发出后，待一回路冷却剂系统压力降至 12.26 MPa 时，专设安全设施系统应不动作。

d. 当反应堆冷却剂平均温度降至低-低平均温度值后，确认汽机旁排阀闭锁，把“低-低平均温度汽机旁排阀闭锁控制开关”切至“复位”位置。

e. 当一回路冷却剂温度降至 250 ℃以下时应发出“稳压器压力波管线温度低”警报。

f. 当一回路冷却剂系统压力降至规定限值时，投入上充流量调节阀前孔板，令一回路值班员缓慢开关对应阀门，维持稳压器水位和主泵轴封注入水流量不变。

⑰高压安注箱隔离。

a. 当反应堆冷却剂系统压力降至规定限值时，关闭安注箱出口隔离阀。

b. 通知电气值班员断开安注箱出口隔离阀的电源。

⑱增开下泄孔板。

随着反应堆冷却剂系统的压力下降，下泄流量跟随减小，为确保一定的下泄流量，按需要开启下泄孔板隔离阀，最终使三个下泄孔板隔离阀全部打开。

⑲停冷系统取样分析硼浓度。

a. 当一回路冷却剂系统压力降至规定值以下时，进行停冷系统取样分析和确认进行以下事项：

- 换料水箱至停冷泵的入口隔离阀为开启状态；
- 停冷热交换器出口流量调节阀关闭、停冷热交热器旁通阀为开启状态；
- 停冷至低压下泄隔离阀为关闭状态。

b. 启动第二台设备冷却水泵。

c. 逐台启动停冷泵做小流量运行。

d. 运转一定时间后，取样分析停冷系统内硼浓度，如还需要分析水质，则取样分析水质。

e. 取样结束，停止停冷泵运行，阀门状态恢复原状。

⑳投入停冷系统。

a. 当反应堆冷却剂系统压力降至限定值以下时，手动将停冷系统入口电动隔离阀解锁。

b. 当压力降至规定范围时，调节稳压器喷雾阀和电加热器，使系统压力维持在规定值。

c. 待一回路冷却剂温度降至 180 ℃以下时，调节主蒸汽大气释放阀开度，维持系统温度为 175~180 ℃。

d. 停冷系统加压：

- 关闭从换料水箱侧来的隔离阀；
- 关闭停冷系统出口调节阀；
- 打开停冷系统第二道入口隔离阀；
- 依次打开停冷系统第一道入口隔离阀，注意一回路冷却剂系统压力，稳压器水位的变化。

e. 停冷系统预热并投入运行：

- 确认停冷系统与反应堆冷却剂系统压力相同；
- 微开停冷热交换器旁通流量调节阀，关闭停冷热交换器出口流量调节阀；
- 确认停冷小流量隔离阀开启，而且在“自动”位；
- 启动停冷泵进行小流量循环运行；
- 确认第二台设冷泵运行正常，停冷热交换器已供需要的设冷水；
- 确认低压下泄隔离阀开启，将低压下泄隔离阀开至 50%开度以上，控制下泄流量在允许范围内；
- 停冷管道预热温度稳定后，缓慢开启停冷热交换器出口流量调节阀同时调节关小停冷热交换器旁路流量调节阀进行停冷热交换器预热；
- 待停冷热交换器进口温度恒定后，将停冷小流量隔离阀切换至“手动”，并保持原来开启状态；
- 缓慢开启停冷系统冷段注射隔离阀，同时关小停冷热交换器出口流量调节阀尽量维持泵小流量运行；
- 缓慢开启热交热器出口节流阀，进一步预热停冷热交换器控制流量逐步增加，预热时间不应少于 2 h，而且当热交换器进口温度已稳定后，关闭停冷小流量隔离阀，并将此阀从“手动”切至“自动”位；

- 调节停冷热交换器出口流量调节阀的同时调节停冷热交热器旁通阀开度，保持泵出口总流量在规定流速，停冷系统已投入运行。

f. 投入低压下泄：

- 解除下泄背压控制阀自动，开启停止回路下泄节流阀至50%以上开度；
- 关闭运行回路低压下泄节流阀；
- 调节下泄背压控制阀使下泄流恢复原来值并投入“自动”。

㉑主蒸汽隔离。

a. 手动缓慢关闭汽机旁排阀(或主蒸汽大气释放阀)，同时开大停冷热交换器出口流量调节阀，维持一回路冷却剂温度在175~180 ℃。

b. 关闭主蒸汽快关隔离阀及主蒸汽快关隔离阀的旁通阀。

㉒投入低压保护。

a. 确认反应堆冷却剂系统温度已低于180 ℃。

b. 将稳压器卸压阀压力保护选择开关放到“投入”侧。

㉓稳压器满水消失汽腔。

a. 确认高压取样冷却器已供设冷水。

b. 确认从稳压器气空间取样管经旁路到容控箱的取样管线可以使用，开闭相关阀门。

c. 间断打开稳压器与容控箱间电动阀，稳压器连续向容控箱排气。

d. 解除下泄背压控制阀自动，缓慢减少低压下泄流使稳压器水位逐步升高，稳压器水位上升过程中，若稳压器压力升高可手动调节喷雾阀开度，维持系统压力在规定范围。

e. 稳压器接近满水时，喷雾效果降低，宽量程水位指示已超过100%，当稳压器满水后，稳压器压力会不断升高，应立即减小上充流量调节上充和下泄流量平衡，使系统压力维持在规定范围，将下泄背压控制阀投“自动”。

f. 稳压器满水后，关闭取样阀。

g. 调节停冷热交换器出口流量调节阀开度，同时关小停冷热交热器旁通阀，用停冷系统进行反应堆冷却剂的降温操作。

h. 在降温过程中，逐渐开大稳压器喷雾阀直至全开为止。

i. 切除稳压器全部电加热器，并断开其电源。

j. 若冷却速率太慢，可启动第二台停冷泵进行冷却。

k. 停止一台主泵运行，当停止回路与运行回路间的温差接近限值时，启动已停止的主泵，待温度平衡后，停止一直运行中的主泵。

㉔安全注射系统、喷淋系统退出运行

a. 当主冷却剂系统温度下降到规定限值以下时，若需加快稳压器内降温，可开启稳压器辅助喷雾阀。

b. 确认冷却剂系统温度低于规定限值时，将处于备用状态的安注和喷淋系统退出运行：

- 将高压安注泵断电；
- 将安全壳喷淋泵断电。

㉕安全壳换气、净化。

㉖一回路冷却剂系统除气结束。

a. 对一回路冷却剂进行取样,分析其放射性浓度。

b. 若放射性气体浓度已在规定值以下,则除气结束。

㉗插入停堆棒组。

a. 依次将提起 10 步的控制棒调节棒组插入到底。

b. 依次将停堆棒组插到底。

c. 切断棒电源,停止棒电源机组。

d. 停止控制棒驱动机构冷却风机。

㉘停止主泵。

a. 确认一回路冷却剂系统温度已降到规定值以下,而且稳压器和一回路冷却剂系统的温度已基本相同。

b. 停止主泵。

㉙反应堆冷却剂系统降压。

a. 主泵全部停止后,用停冷系统继续进行降温。

b. 当反应堆冷却剂系统温度低于 60 ℃时,若二台停冷泵在运行,则停止一台停冷泵。

c. 缓慢降低下泄背压控制器设定值,使反应堆冷却剂系统压力缓慢降低。

d. 当压力降至规定值时,关闭主泵轴封水回流阀。

e. 继续下降压力设定值,使压力降至规定值,调整上充、下泄流量,维持压力在允许范围内。

㉚冷停堆状态的确认。

a. 反应堆冷却剂系统温度已低于 60 ℃。

b. 反应堆冷却剂系统压力由上充、下泄系统维持,控制系统压力在允许范围内。

c. 一台离心式上充泵和一台停冷泵继续运行,确保主泵轴封水的供应和剩余释热的导出。

d. 维持一台设备冷却水泵和一台设冷海水泵运行,停止多余的设冷泵和设冷海水泵。

e. 反应堆冷却剂系统的硼浓度为冷停堆无氙毒的硼浓度,即停堆深度大于规定值或为换料硼浓度,其停堆深度大于限制值。

f. 按冷态停堆工况要求,停止不必要的通风空调、供水、供气、供电等。

㉛安全壳封闭解除。

如要进入人员,待安全壳内剂量水平达到允许值以下后,方可进入。

(2)二回路动作

①发电机功率下降准备。

a. 决定发电机功率下降速率。

b. 确认交流润滑油泵、直流润滑油泵、高压油泵、顶轴油泵、盘车马达的控制开关在“自动”位置。

c. 与电网总调联系,准备降负荷。

②发电机功率从 100%下降到 15%额定负荷。

a. 确认 DEH 控制系统在“操纵员自动”工况。

b. 设定 15%额定负荷目标值。

c. 按推荐曲线设定已选定的负荷下降速率。

d. 按“进行”按钮,汽机开始按指定速率下降功率。

e. 确认设定值窗口显示值和 MW 表读数开始下降。

f. 发电机功率下降过程中,不断调整发电机无功功率,保持功率因数 $\cos\varphi$ 在规定范围内。

g. 发电机功率下降中,监视发电机和汽机各运行参数。

h. 若用手动方式降汽机功率,其步骤如下:

- 按下“汽机手动”按钮;
- 间断按“调节汽门关”按钮,用按的时间长短和频率来控制汽机功率下降速率。

③发电机功率达 65%额定功率。

a. 确认除氧器从滑压运行,切换到由辅助蒸汽母管供汽的定压运行:

- 确认除氧器调节阀前“电动截止阀自动”开启;
- 确认“第四级抽气截止阀自动”关闭;
- 除氧器压力由压力自动调节阀自动调节,维持压力在限定值。

b. 通知给排水值班员,停止一台循环水泵(尚留三台运行)。

c. 将 3#高加疏水至除氧器切换到疏水扩容器:

- 手动关正常疏水阀;
- 确认紧急疏水阀自动维持水位正常。

④发电机功率达 50%额定功率。

a. 辅助蒸汽母管供汽从汽机 1 级抽气供给切换到由主蒸汽供给:

- 稍开主蒸汽供汽总阀;
- 全关 1 级抽气供汽阀;
- 确认由减压调节阀自动调节,维持辅助蒸汽母管压力在规定范围内。

b. 通知辅助锅炉值班员,启动二台辅助锅炉。

⑤发电机功率达 40%额定功率。

a. 停止一台主给水泵。

b. 停止一台凝水升压泵。

c. 停止一台凝结水泵。

d. 通知给排水值班员停止一台循环水泵(维持两台循环水泵运行)。

e. 调整冷凝器循环水出口蝶阀,维持循环水压力在规定范围内。

⑥发电机功率达 20%额定功率。

a. 按次序停止高压加热器的供汽:

- 关闭汽机抽气进气阀;
- 确认汽机抽气逆止阀前后疏水阀开启。

b. 确认汽轮机本体疏水阀开启。

c. 发电机功率低于20%后，确认低压缸排气喷水减温装置应自动开启，即喷淋阀自动打开。

⑦发电机功率达15%额定功率。

a. 确认发电机功率下降停止，机组在15%功率下稳定运行。

b. 切换给水流量控制方式，将主给水控制阀切换到主给水旁通阀控制：

- 确认主给水流量调节阀在“自动运行”工况，主给水旁通阀处于“手动关闭”状态；
- 确认“主给水旁路调节阀自动”光字牌亮；
- 将主给水旁路调节阀投自动，确认其慢慢开启，而主给水调节阀慢慢关闭，主给水流量维持基本不变；
- 当主给水调节阀全关后，将其放“手动”位置；
- 观察蒸汽发生器水位稳定，主给水旁路阀自动动作正常，必要时手动干预。

c. 确认发电机无功功率并维持功率因数。

⑧发电机功率从15%下降到5%额定负荷。

a. 确认 DEH 控制在“操纵员自动”工况。

b. 设定5%额定功率作为负荷目标值。

c. 按推荐曲线设定已选定的负荷下降速率。

d. 按“进行”按钮，确认汽机按所选定速率下降功率。

⑨发电机功率达10%额定功率。

a. 在实时控制操作盘上，“低负荷运行”按钮灯亮。

b. 确认汽水分离再热器的二次再热器，应控制低压缸入口蒸汽温度在204 ℃：

- 大控制阀自动关闭；
- 大截止阀自动关闭后，连锁开启大泄漏阀；
- 小控制阀处于调节状态。

c. 切除“功率反馈”和“汽机冲动级压力反馈”。

⑩发电机功率达5%额定功率。

a. 确认发电机功率下降停止，稳定在5%功率运行。

b. 与电网总调联系，发电机准备解列。

⑪发电机解列。

a. 解列前确认以下事项：

- 汽机盘车装置处于“自动”状态；
- 顶轴油泵、交流润滑油泵、高压油泵直流应急油泵均处于“自动”状态。

b. 调节电压自动调节器，使发电机无功功率降至0。

c. 取得总调同意后将发电机-主变高压侧的开关断开。

d. 将其隔离开关断开。

e. 确认汽机转速稳定。

f. 确认汽机旁排动作正常。

⑫解列后的操作。

调节各相关开关，以满足汽机停机要求。

⑬汽机停机。

⑭辅助蒸汽母管供汽从主蒸汽切到辅助锅炉。

⑮蒸汽发生器给水切换。

a. 确认主给水旁通调节阀在自动控制状态。

b. 启动一台电动辅助给水泵,并确认运行正常。

c. 手动缓慢开大辅助给水泵调节阀,并确认主给水旁路调节阀自动关小,蒸汽发生器水位维持不变。

d. 待主给水旁通调节阀全关后,将其切换为手动控制并全关。

e. 确认蒸汽发生器水位稳定在零负荷水位后,将辅助给水调节阀的工况选择开关放“自动”位置。

f. 停止运行的主给水泵。

⑯汽机盘车开始。

⑰冷凝器真空破坏。

⑱将旁排油泵连锁开关投切除位置。

⑲主蒸汽隔离。

a. 停止运行的轴加风机。

b. 开启主蒸汽隔离阀前疏水阀。

⑳二回路系统保养处置。

a. 停止蒸汽发生器排污系统。

b. 逐步将蒸汽发生器水位提高,直至宽量程水位指示达 100%为止。

c. 解除备用辅助给水泵自动,停止运行辅助给水泵,关闭辅助给水流量调节阀。

d. 停止向除氧器提供加热蒸汽,手动关闭隔离阀和调节阀,检查确认应关闭阀门已关闭,停止除氧器再循环泵。

e. 当蒸汽发生器内压力降至规定值以下时,向蒸汽发生器内充氮气。

f. 将凝水系统、给水系统充满水保养。

㉑停止其他辅机。

a. 轴封加热器停止一定时间后,停止凝水升压泵和凝结水泵。

b. 停止海水冷却水回路的升压泵。

c. 关闭热井补水阀。

d. 待排气缸温度低于温度限值时,停止冷凝器通循环水,通知海水岗位值班员,停止全部循环水泵。

e. 停止闭式工业水冷却系统及发电机转子冷却水系统。

㉒原则上只有当安全壳内需要进入工作时,才需要对安全壳进行换气、净化。

(3)注意事项

①按汽机变负荷推荐曲线(附图 A.2)决定功率下降速率。

②二回路操纵员和反应堆操纵员保持密切联系。

③应在功率下降限制值以内。

④反应堆功率下降后应预测氙毒变化趋势,随着氙的积累,进行冷却剂硼稀释,使控制

棒在调节带内变化。

⑤无特殊情况，不允许在高功率下用手动方式来降汽机功率。

⑥无特殊情况，不允许反应堆功率调节系统手动跟踪汽机功率下降。

⑦手动控制反应堆功率时，要避免发生过量的控制棒下插和原因不明的过量补偿。

⑧在切换汽源时；发电机功率暂时保持不变。

⑨根据辅助锅炉启动所需时间，确定何时启动锅炉，作为辅助蒸汽母管的备用汽源。

⑩泵停止后，确认无反转。

⑪停泵前，备用泵的自投锁要解除。

⑫高加切除时要逐一进行，注意给水温度的降低值对蒸汽发生器水位和反应堆功率的影响。

⑬低压缸喷淋减温装置在15%~20%功率间自动开启，维持排气温度在80 ℃以下。

⑭主给水流量调节阀切换时，要逐个进行。

⑮发电机解列前，确认对应指示灯已灭，即汽机功率和反应堆功率均在10%额定负荷以下。

⑯若汽机转速上升超过限值时，立即手动停止汽机。

⑰汽机停机前，应确认对应操作信号已发出。

⑱如果计划在短期内重新启动汽机，则维持反应堆在此功率并调整冷却剂硼浓度，以补偿氙毒的变化。

⑲如交流润滑油泵自启动不成功，立即手动启动或确认直流润滑油泵自启动。

⑳注意轴承衬瓦和轴承回油温度的变化。

㉑把辅助蒸汽供给从主蒸汽切换到辅助锅炉之前，反应堆功率维持在1%~2%。

㉒插棒过程中，确认各控制棒组的重叠和每组控制棒中各棒束之间的步数一致性。

㉓注意将辅助给水系统水源从应急水箱改为除氧给水箱。

㉔若发现任一束控制棒因故不能移动，则紧急硼化100 ppm。

㉕稳压器与主回路硼浓度的差应小于50 ppm。

㉖根据化学取样分析结果，控制冷却剂的比活性在规定值之内。

㉗如准备换料或进行开放式的检修，则必须进行净化。

㉘一回路冷却剂的净化也可在降温降压过程中进行。

㉙如果反应堆计划硼化到换料或者检修，其操作方法相同于停堆硼化。

㉚换料所需硼浓度的硼化也可在反应堆冷却剂系统降温降压过程中进行。

㉛及时调节主泵轴封注入水流量，确保主泵轴封注入水流量在规定值以内。

㉜如果主蒸汽隔离阀已关闭或汽机旁排阀不能使用，可用主蒸汽大气释放阀来降温。

㉝降温降压必须遵守“压力-温度”曲线。

㉞为确保稳压器压力比蒸汽母管压力先到闭锁值，控制稳压器与冷却剂回路间的温差在50~70 ℃。

㉟一回冷却剂系统降温降压过程中，注意给水系统运行，维持蒸汽发生器在零功率水位。

㊱容控箱换气时，注意保持容控箱压力在规定范围内。

㊲从自动补给改为手动补给时,注入水的硼浓度不能下降。

㊳进行容控箱气体置换操作中,尽量维持置换前的下泄和上充流量。

㊴将冷却剂内的含氢量降至规定数值。

㊵若一回路系统不进行开放性检修工作,可不进行冷却剂除气操作。

㊶当发生由于稳压器压力波动,超过闭锁压力时安注将自动解锁,此时必须重新降低压力,重新闭锁安注信号。

㊷破坏真空前,反应堆冷却剂系统冷却改由主蒸汽大气释放阀控制。

㊸下泄流量变化时,要及时调节相关阀门开度,并确保主泵轴封注入水流量不变。

㊹如果取样分析结果,停冷系统内的硼浓度大于或只低于一回路冷却剂系统硼浓度 10 ppm 则不需要进行加硼,如果低于 10 ppm 以上则对停冷系统进行加硼操作。

㊺停冷泵启动后,应确认相应泵房的冷却风机自动启动。

㊻在打开停冷系统入口电动隔离阀过程中,若有异常,立即关闭第二道隔离阀。

㊼低压下泄隔离阀开度不要小于 50%。

㊽预热停冷热交换器主要监视停冷热交换器进口温度计的指示值。

㊾低压下泄尽量从停止运行的停冷系统侧引出。

㊿在开大停冷热交换器出口流量调节阀的同时,注意关小停冷热交热器旁通阀,保持出口总流量在额定流量之内。

(51)按冷态蒸汽发生器保养规定进行,水中联氨浓度视停止时间长短而不同。

(52)是否充氮或何时充氮按有关保养规定进行。

(53)按凝水、给水系统保养规定进行。

(54)稳压器与容控箱间电磁阀一次开启时间不得超过规定时间,第二次开启,要视电磁阀线圈温度下降情况而定。

(55)改变低压下泄流量和上充流量时,应及时调正主泵轴封水流量。

(56)如果补水泵在运行,则先停止,然后再关热井补水阀。

(57)系统降温速率不得超过限值。

(58)投入第二台停堆冷却泵的运行。

(59)稳压器满水后进入第二阶段降温时,开始可以不停止一台主泵运行。

(60)换料硼浓度为 2 000~2 400 ppm。

2.4 核动力装置运行方案

2.4.1 压水堆的自稳特性

压水堆动力装置在某一稳态运行时,如果出现来自堆内的反应性扰动,如控制棒提升移动位置、冷水引入堆芯等引起反应性增加,反应堆功率将随之上升。在这种情况下,如果切除反应堆功率调节装置,二回路负荷保持不变,而运行人员也不进行干预,那么反应堆功率的增加会使反应堆一回路冷却剂系统的热平衡受到破坏,使燃料温度和冷却剂温度随之上升。由于压水型反应堆具有负的反应性温度系数,当温度上升后,向堆内自动引入一个负的反应性,它抵消了由扰动引入的一部分正反应性,使反应堆功率不再继续上升;从而达到抑制功率增长的作用。

当冷却剂温度效应所引入堆内的负反应性与扰动引入的正反应性在数值上相等时,堆内总的反应性恢复至扰动前的稳态水平。但最终燃料温度和冷却剂平均温度略高于扰动前的稳态工况的温度。

压水堆动力装置这种对堆内反应性扰动具有的自平衡能力,称为压水堆动力装置的自稳特性。这种自稳性是由反应堆的燃料负温度系数和冷却剂负温度系数形成的。这种压水堆动力装置的自稳特性,保证了反应堆抗干扰能力,增加了反应堆的安全裕度。

2.4.2 压水堆的自调特性

反应堆动力装置在运行时,如果二回路主汽轮机组功率突然上升,引起负荷扰动。在这种情况下,假定已切除反应堆功率调节装置,运行人员也不进行干预,那么反应堆功率与二回路负荷失去平衡。由于汽轮机负荷大于反应堆功率,使蒸汽发生器输出的蒸汽流量增加,引起蒸汽发生器的阀前压力下降,反应堆入口温度下降,导致反应堆的冷却剂温度下降。因冷却剂的负温度效应,从而向堆芯引入正反应性,使反应堆功率上升,又逐步达到新的平衡为止。

由于反应堆功率上升,随之燃料温度也上升,而且燃料温度系数也是负的,所以在燃料温度上升的同时,向堆芯引入一个负反应性,它阻止了反应堆功率的上升。直到冷却剂温度效应引入的正反应性与燃料温度效应引入的负反应性相互抵消,使总的反应性为零。此时,反应堆功率与二回路负荷平衡,并维持整个装置的稳态运行。

同样,在二回路负荷突然下降的扰动中,主冷却剂平均温度上升,故向堆内引入负反应性,使反应性下降,功率下降,燃料温度下降,随之燃料温度向堆内引入正反应性,这样阻止了堆功率的继续下降,直到反应堆功率与二回路负荷平衡为止。

2.4.3 压水堆动力装置运行方案

压水堆装置的自动跟踪负荷变化能力称为压水堆动力装置的自调节特性,它是由温度效应提供的。负的燃料温度系数,起到了阻止中子功率在自调过程中变化的作用,因此它是反应堆功率区运行过程中一个重要的特性。

功率区运行方案也是由压水堆的特点来决定的,关于压水堆动力装置运行方案有许多种,常用的有冷却剂平均温度不变方案、蒸气发生器出口压力不变方案和折中方案三种。

1. 冷却剂平均温度不变方案

该运行方案是,主冷却剂的平均温度 T_{av} 不随动力装置负荷变化的运行方式。如图2.31所示。这种运行方案的优点是,有利于反应堆的功率控制。假如忽略了燃耗、中毒效应时,就可以不需要外部的功率控制系统,仅靠反应堆的负温度效应,就能保持稳定。因 T_{av} 不变,使一回路冷却剂体积随负荷的波动最小,这对于稳压器的压力调节非常有利。

该方案缺点是随负荷的增加,引起二次侧的蒸汽温度 T_s 和压力 p_a 的下降,特别是低负荷时，蒸汽压力很高，这将给二回路设备，如给水泵、蒸汽调压带来一些复杂的问题。

2. 蒸汽发生器出口压力不变方案

该运行方案是，二回路侧蒸汽压力不随负荷变化的运行方式。如图 2.32 所示。其优点是由于蒸汽参数不变，给二回路运行带来许多方便，对汽轮机、水泵和蒸汽调压阀运行有利。但由于 T_{av} 变化很大，反应堆的反应性扰动量大，使控制棒有较大幅度的位移变化。同时也要求稳压器要有较大的容积补偿能力。所以它的缺点是对一回路工作不利，使反应堆适应负荷变化的性能降低。

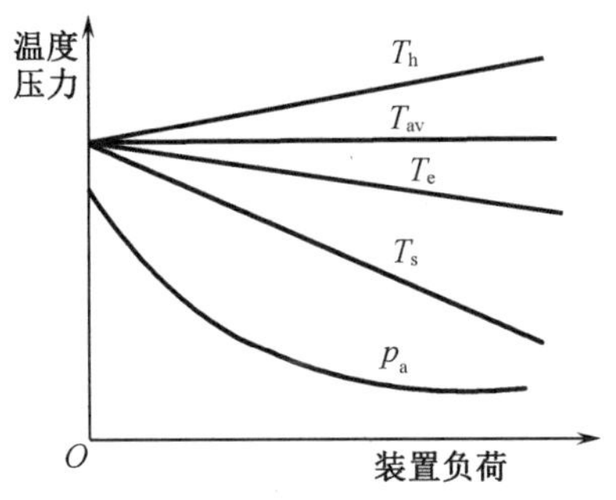

图 2.31 冷却剂平均温度不变方案

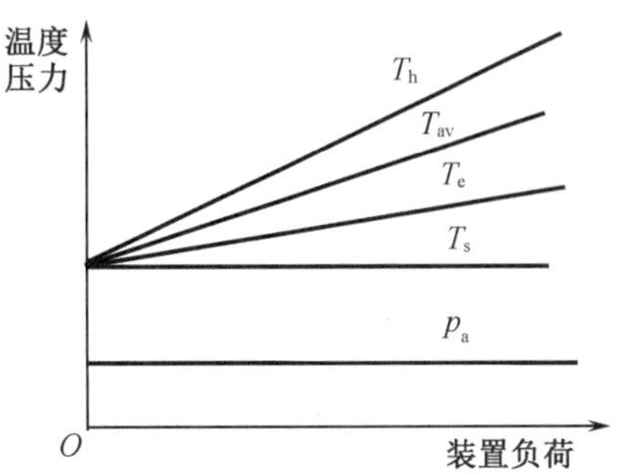

图 2.32 蒸汽发生器出口压力不变方案

3. 折中方案

折中方案也称组合运行方案，系上述两种运行方案的组合（图 2.33）。通常在低负荷段内采用蒸汽压力 p_a 不变的运行方案，以适应较少较慢的负荷变化。而在高负荷段内，则采用平均温度 T_{av} 不变的运行方案，以满足较大较快的负荷变化的需要。这样，就可充分发挥上述两种方案的优点，克服它们各自的缺点，所以这种运行方案目前使用得较普遍。

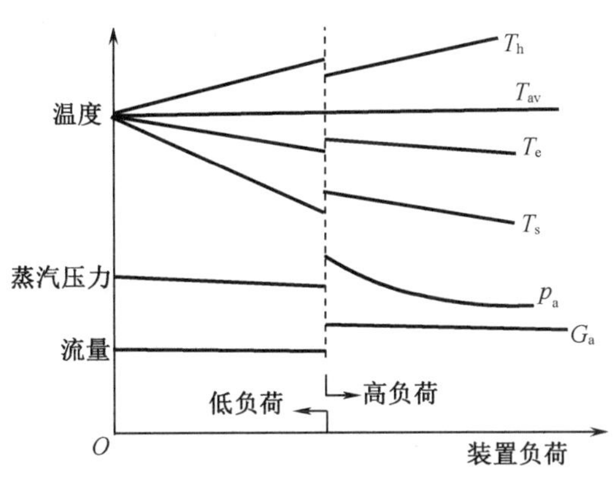

图 2.33 折中方案

第3章　核电站技术规格书介绍

3.1　概　　述

核电站技术规格书是最终安全分析报告的重要组成部分，是核电站制定运行规程的重要依据，是核电站运行阶段必须遵循的重要文件，它规定了机组在正常运行期间的技术要求以及在故障和事故期间必须遵守的相应事故处理规程。技术规格书的文件质量关系到运行核电站的安全水平，其要求是否合理得当，对核电站可用率、经济性影响极大。核电站技术规格书的编写、制定意义重大：实现核电站的安全目标，防止核电站偏离正常运行，保证正常运行期间或中等频率事件下实体屏障的完整性。

3.1.1　技术规格书的主要目的

（1）实现核电站的安全目标，即建立并保持对辐射危害的有效防御，保护厂区人员、公众和环境的安全。

（2）防止核电站偏离正常运行，以及在偏离正常运行的情况下，防止预计运行事件升级为事故工况。

（3）保证正常运行期间或中等频率事件下实体屏障（燃料芯块、燃料包壳、反应堆冷却剂系统压力边界）的完整性。

3.1.2　技术规格书的作用

（1）规定正常运行限值，以保证安全限值和设计范围不被超过，使核电站运行在设计阶段确定的安全水平上。

（2）规定保护系统和安全设备设施满足单一故障准则的可用性要求，规定运行限制条件，保证事件和事故操作规程的可实施性并维持安全分析报告的有效性。

（3）规定在安全功能不可用或当反应堆状态超过正常运行限值时要采取的行动，以便保证核电站不在低于设计确定的安全水平下运行，并防止设计预期事件发展成事故。

（4）确定监督要求、内容和频度，以便及时监测对技术规格书要求的偏离。

鉴于技术规格书的重要性，世界上主要核电国家均花费了大量人力、财力用于技术规格书的制作、改进和发展。美国在世界核电发展的历史上占有重要地位，其核电站的规模和数量位居世界首位，核电站运行的正反两方面的经验丰富，逐步建立起来的安全运行体系也较为完善。继美国之后发展起来的国家如法国、德国、日本等，都在对美国的理解与吸收、继承与发展的基础上各自成体系，依照本国国情制定了符合国家标准的核电站技术规格书，其中法国最为突出。

我国现有运行技术规格书总体上可以分为以美国西屋公司标准运行技术规格书为代表的美系模式和以法国 M310 运行技术规格书为代表的法系模式。秦山核电厂早期的技术规格书是参照美国西屋型核电站的技术规格书修改而完成的，广东大亚湾核电站是引进法国核电站的技术而建造的，它的核电站技术规格书基本类同于法国核电站的技术规格书。不同核电站的技术规格书大同小异，重要的内容都包含在内，并给出相应的理论依据(BASES)，主要包括定义、安全限值、运行限制条件、监督要求和行政管理等内容。

在核电站操纵员取照考核过程中对操纵员与高级操纵员要求也有差异之处。取照试题中对操纵员的要求是知道如何去操作(How to operate)，但对高级操纵员则要求更高些、更深些，高级操纵员不仅要知道如何去操作，还必须要知道为什么如此操作，即 Why? 也即对 BASES 部分要有深刻理解。

本章内容主要介绍美国西屋型压水堆核电站技术规格书(由美国核管理委员会颁发)，最后简单地介绍秦山一期 CNP300 核电厂的技术规格书。

现在世界各国都制定了适合自己国情的考核取照国家标准，但其依据的重要文件之一就是核电站技术规格书。

3.2　定　　义

在核电站技术规格书中，首先给出了核电站运行中重要术语的定义，这是很重要的，也是很必要的。为了核电站的安全运行，对特定核电站运行中出现的一些专用术语，给出清晰的定义，这样不仅明确、统一，也方便使用。例如，在运行文件中只要碰到 MODE 1，大家都明确这是第一种运行模式，即功率运行模式。

在美国西屋型压水堆核电站技术规格书中，所有术语定义均以大写字母形式出现，如 MODE、OPERABLE 等，因此在正文中只要见到出现全部大写字母的术语，肯定在定义部分里有明确定义。

核电站运行术语的多少，各个核电站不尽相同，但是重要的术语都包括了。由于篇幅所限，下面仅列出小部分术语为例予以介绍。

1. 动作(ACTION)

动作是指安全技术规格书中规定的需要人员采取补救措施的部分，在指定条件下应采取的和指定时间内应完成的行动。

2. 泄漏(LEAKAGE)

可分为四种泄漏，定义如下。

(1)可控泄漏(CONTROLLED LEAKAGE)

可控泄漏是指供给反应堆冷却剂泵密封的密封水流量。

(2)可识别的泄漏(IDENTIFIED LEAKAGE)

①泄漏(可控泄漏除外)至封闭系统，例如泵的密封或阀门盘根泄漏。这些泄漏都能被

收集至一个地坑或收集到罐里。

②从一些源处泄漏至安全壳空间内,这些源可以是特置和已知的,但既不影响泄漏检测系统的运行,也不是压力边界泄漏。

③通过蒸汽发生器向二回路冷却剂系统的反应堆冷却剂系统泄漏。

(3)压力边界泄漏(PRESSURE BOUNDARY LEAKAGE)

压力边界泄漏是通过反应堆冷却剂系统部件本体、管壁或容器壁的非隔离损坏的泄漏(不包括蒸汽发生器传热管的泄漏)。

(4)不可识别的泄漏(UNIDENTIFIED LEAKAGE)

不可识别的泄漏是除可识别的泄漏和可控泄漏外的所有泄漏。

3. 停堆深度(SHUTDOWN MARGIN)

假定最大价值的一束控制棒全部卡在堆外,而其他棒组(包括控制棒组与停堆棒组)全部插入堆内,由此,使反应堆处于次临界或从现时状态将达到次临界时,堆次临界的反应性总量称为停堆深度。

4. 轴向中子通量密度偏差(AXIAL FLUX DIFFERENCE)

轴向中子通量密度偏差是两部分堆外中子探测器上半部与下半部归一化中子通量密度信号的差值,可表示为 AFD,由于探测器为电流信号,因此也多用 ΔI 来表示。

5. 象限功率倾斜比(QUADRANT POWER TILT RATIO)

象限功率倾斜比是上半部堆外探测器标定输出值的最大值与平均值的比值,或下半部堆外探测器标定输出值最大值与平均值的比值,取大者。在一个堆外探测器不可运行时,应用其余三个探测器来计算平均值。

6. 运行模式(OPERATIONAL MODE)和模式(MODE)

一种运行模式(模式)应该满足表 3.1 中的堆芯反应性条件、功率水平和反应堆冷却剂平均温度等参数。

表 3.1　西屋公司压水堆运行模式

序号	模式	K_{eff}	额定热功率①/%	冷却剂平均温度/℃
1	功率运行	≥0.99	>5	不适用
2	启动	≥0.99	≤5	不适用
3	热备用	<0.99	不适用	>176.6
4	热停堆②	<0.99	不适用	$176.6>T_{av}>93$
5	冷停堆②	<0.99	不适用	≤93
6	换料③	不适用	不适用	不适用

注:表 3.1 引自国家核安全局文件 NNSA—0055 核电站标准技术规格书(西屋核电站),1998 年 7 月。

①不包括衰变热;

②反应堆压力容器顶盖的所有螺栓处于完全紧张状态;

③反应堆压力容器顶盖的一个或多个螺栓未处于完全紧张状态。

还有很多定义,如通道标定、通道检查、安全壳完整性、可运行的/可运行性、物理试验等,这里不一一列举。定义的多少取决于特定的核电站,因核电站的不同而有所差异。

表 3. 1 所给出的 6 种运行模式,是美国西屋型压水堆核电站的规定。广东大亚湾核电站从原来的 9 种运行模式改为目前的 6 种运行模式。我国的秦山核电厂则略有所不同,其运行模式如表 3. 2 中所示。

表 3. 2 秦山一期运行模式

序号	模式	K_{eff}	额定热功率①/%	冷却剂平均温度/℃	冷却剂压力/MPa
1	功率运行	~1. 0	2~100	280~302②	15. 2
2	热态零功率	~1. 0	0~2	280±2	15. 2
3	热停堆	≤0. 980	不适用	280±2	15. 2
4	中间停堆 A 阶段	≤0. 980	不适用	280~180	15. 2~2. 94
	中间停堆 B 阶段	≤0. 980	不适用	180~93	2. 94±0. 20
5	冷停堆	≤0. 980	不适用	≤93③	2. 94±0. 20
6	停堆换料④	≤0. 950	不适用	<50	0

注:引自中国核工业集团公司核电培训教材。

①不包括衰变热。

②运行初期为 280~295 ℃。

③从运行安全角度,冷却剂平均温度降到<93 ℃时,反应堆即可认为处于冷停堆状态;如果需要打开冷却剂压力边界,使冷却剂与环境大气接触,而进行某些操作的话,应使冷却剂温度降至<60 ℃。

④反应堆压力容器顶盖的螺栓已松开或顶盖已移走,燃料仍在压力容器内,未涵盖卸料完成至开始装料之前的工况。

3.3 安全限值和安全系统限值的设定

3.3.1 安全限值

安全限值指设计中采用的或按安全准则确定的限值。在正常运行期间或中等频率的故障情况下不得超过安全限值。压水堆核电站技术规格书一般规定与三道屏障(燃料包壳、反应堆冷却剂边界、安全壳)有关的安全限值。

1. 反应堆堆芯

热功率、稳压器压力和运行环路最高冷却剂温度的组合不得超过图 3. 1 所给出的限值。

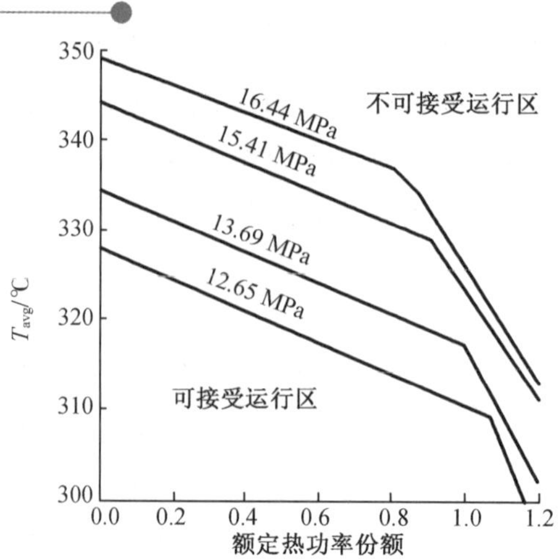

图 3.1　反应堆堆芯安全限值(三环路运行)

适用范围:模式 1、模式 2。

(1)无论何时,只要由运行环路最高冷却剂温度和热功率组合所确定的点超过了相对稳压器压力限值,则核电站应在 1 h 内处于热备用模式,并遵从相应技术规范的要求。

(2)少于三环路的运行受"所有反应堆冷却剂环路必须要运行"这条技术规范的限制。

说明:这主要是为了防止燃料过热和燃料包壳可能穿孔而造成裂变产物释放到反应堆冷却剂中。燃料的运行被限制在泡核沸腾范围,这里传热系数大,包壳表面温度稍高于冷却剂饱和温度,以防止燃料包壳的过热。

稳态运行、正常运行瞬态以及预期瞬态下的最小偏离泡核沸腾比 DNBR 值一般限定为 1.30,如秦山一期核电厂(广东大亚湾核电站 DNBR 的限值为 1.22)。

这个限值实际上是保护核电站第一道安全屏障的一个必要条件。

2. 反应堆冷却剂系统压力

反应堆冷却剂压力不得超过 18.9 MPa。

适用范围:模式 1、模式 2、模式 3、模式 4、模式 5。

(1)对模式 1、模式 2

无论何时,只要反应堆冷却剂系统压力超过 18.9 MPa ,则核电站应在 1 h 内使反应堆冷却剂系统压力处于限值内的热备用模式。

(2)对模式 3、模式 4、模式 5

无论何时,只要反应堆冷却剂系统压力超过 18.9 MPa ,则核电站应在 5 min 内将反应堆冷却剂系统压力降至其限值之内,并遵循相应技术规范的要求。

说明:这主要是保护反应堆冷却剂系统不超压而保持完整性,因此可防止反应堆冷却剂内的放射性核素泄漏到安全壳空间里。

这个限值实际上是保护核电站第二道安全屏障的一个必要条件。

3.3.2　安全系统限值的设定

本节主要讨论并给出反应堆紧急停堆系统仪表的整定值。有关依据在相应的 BASES

中做了解释,这里只补充以下两点说明。

1. 关于功率量程中子注量率高变化率

(1)正的中子注量率高变化率紧急停堆保护是防止中子注量率快速增长的。这种快速增长是在任何功率水平上发生控制棒弹棒事故的征兆。这是专门用于补充功率量程核功率高定值和低定值停堆保护,以确保在出现弹棒事故时能满足安全准则。

(2)负的中子注量率高变化率紧急停堆保护是确保在多种控制棒落棒事件时最小 DNBR 能保持在 1.30 限值以上。

2. 超温温差 OTΔT(ΔT_{OT})与超功率温差 OPΔT(ΔT_{OP})

(1)超温温差紧急停堆保护堆芯,防止在各种压力、功率、冷却剂温度和轴向功率分布的组合情况下发生偏离泡核沸腾 DNB。这种保护用于慢瞬变,即对于堆芯到温度探测器的管道传输延迟来讲为慢的瞬变,且压力处在稳压器高、低压力紧急停堆之间的范围。

(2)超功率温差紧急停堆保护确保在各种可能的超功率情况下燃料的完整性,即燃料芯块无熔化,进一步限制了超温温差紧急停堆所要求的范围,同时也对高中子注量率紧急停堆提供后备保护。

注意:超温温差的定值随一回路压力变化而变化,例如一回路泄漏,稳压器压力下降从而引起超温温差的定值点下降,这就有可能引起汽轮机自动快速降负荷(Runback),甚至停堆停机。超功率温差 ΔT_{OP} 的定值点是不随一回路压力的变化而变化的。

3.4 运行限制条件

运行限制条件(LIMITING CONDITIONS FOR OPERATION),简称为 LCO,是核电站技术规格书中内容最多,所占篇幅最多的一部分,该部分列出了对每种运行模式和每个安全相关系统规定的相应的运行限制条件,要求机组在规定的时间内处于特定的运行模式,从而防止事故发生或在发生事故时能够缓解事故后果。

这一板块不同核电站的规定略有不同,如本书 3.2 节中提到美国西屋型压水堆核电站技术规格书中将 PWR 电厂分成 6 种运行模式,并按 9 个系统或方面(反应性控制系统、功率分布限制、仪表、反应堆冷却剂系统、应急堆芯冷却系统、安全壳系统、电厂系统、电力系统和换料操作)给出运行限制条件。每项运行限制条件包括运行限制条件适用的运行模式、违背运行限制条件要求采取的行动及完成的时间,以及保证运行限制条件有效性的监督要求(监督内容和监督频度)。

了解这部分首先要对适用范围(APPLICABILITY)有清楚的理解。这部分常称为根源交待(MOTHERHOOD STATEMENTS),由此可见它的重要性。

3.4.1 适用范围

(1)在各种运行模式或所指定的其他工况下,技术规格书中 LCO 的规定都要求遵从。如果不能满足 LCO 中的规定,则必须满足其相应的动作(ACTION)要求。

(2)当 LCO 的要求和其相应的 ACTION 要求在指定的时间间隔内都没有满足时,必定不遵从技术规范。如果在指定的时间间隔内,LCO 就恢复了,则不需要完成 ACTION 的要求,除非在 ACTION 叙述中另有注释。

举例说明:运行限制条件(LCO)中的最低临界温度。反应堆冷却剂系统最低运行环路平均温度必须要大于或等于 288 ℃。

如果不满足上述运行限制条件(LCO)要求,则应采取相应的 ACTION,即要求在 15 min 之内,将平均温度恢复到其限值之内,否则,在下个 15 min 之内,核电站应处在热备用运行模式。但如果在 15 min 之内,就能将平均温度恢复到 288 ℃之上,则核电站就不必处于热备用运行模式。

(3)当运行限制条件(LCO)不满足时(并且不提供相应的动作要求),必须要求在 1 h 之内,采取动作(ACTION)使核电站处于一个较低水平的运行模式。可采取的 ACTION 有:

①至少在下个 6 h 之内,使核电站运行在热备用模式;

②至少在随后 6 h 之内,使核电站运行在热停堆模式;

③至少再在后续 24 h 之内,使核电站运行在冷停堆模式。

(说明:允许核电站停留在热备用模式运行 6 h。如果此 6 h 内还不能满足要求则核电站需要降至热停堆模式运行,允许时间也是 6 h。如果在这 6 h 之内仍不能满足要求,则电站需要继续降级运行在冷停堆模式,允许时间为 24 h)

如果改正措施完成了,并允许在动作要求的情况下运行,则可以遵照给定的时间限制采取动作,但时间应从未能满足运行限制条件(LCO)的时刻算起。

这条规定不适用于运行模式 5、模式 6。

(4)除非在不依靠包括在动作要求里的规定而满足运行限制条件(LCO)的条件下,否则不能进入一个运行模式或者其他指定的工况。这种规定必须不妨碍经过或到达遵从 ACTION 中所要求的运行模式。在个别规范条文中所述要求除外。

这条规定提供了进入一个运行模式或其他指定的适用工况,必须做到以下两点:

①整套所要求的系统、设备或部件都是可运行的;

②不考虑包含在动作叙述中的可允许偏离和离役规定,所有运行限制条件(LCO)中所指定的其他参数都要满足。

这条规定的意图是确保在所要求的设备或系统不可运行或超过其他指定限值的情况下装置不投入运行。

核心思想:在保证核电站安全运行的前提下,提供一定的维修时间,争取能尽快恢复正常运行的要求,尽可能地避免停堆或减少停堆的时间。运行限制条件(LCO)中具体的允许时间(6 h,12 h,…,72 h)都体现了该思想。

3.4.2 反应性控制系统

这部分包括硼化控制、硼化系统及可移动控制组件等与反应性控制有关的一些规范。下面举几条实际技术规范予以说明。

1. 关于停堆深度的运行限制条件(LCO)

规范:停堆深度必须大于或等于 1 770 pcm(对于三环路运行)。

适用范围:模式 1、模式 2、模式 3、模式 4。

动作:当停堆深度小于 1 770 pcm 时,立即用大于或等于 7 000 ppm 硼酸溶液以大于或等于 11.2 t/h 的流量硼化,直到恢复到所要求的停堆深度。

这是典型的运行限制条件(LCO)规范条文。如果运行限制条件(LCO)不能满足,则应满足动作(ACTION)中的相应要求。

本规范之所以要求有足够的深度,因为具有足够的停堆深度能保证:

①反应堆可以在各种运行模式下达到次临界;

②与假想事故工况有关的反应性瞬变可控制在允许的限制范围内;

③防止在各种停堆模式下意外的超临界。

2. 关于慢化剂温度系数的运行限制条件(LCO)

慢化剂温度系数必须:

①当所有控制棒提出堆外,在燃料循环寿期初(BOL),热态零功率下不得为正;

②当所有控制棒提出堆外,在燃料循环寿期末(EOL),额定热功率下不得比 -57 pcm/℃更负。

思考:

为何 BOL 时要求慢化剂温度系数为负?

为何 EOL 时要求慢化剂温度系数不能负得太大?

讨论:

①寿期初(BOL)出于安全考虑,保证反应堆的固有安全性,所以要求慢化剂温度系数为负值。

②寿期末(EOL)慢化剂温度系数有限值,主要考虑到此时硼稀释的实际困难。

3. 关于最低临界温度的运行限制条件(LCO)

规范:反应堆冷却剂系统环路最低运行温度必须大于或等于 288 ℃。

适用范围:运行模式 1、模式 2。

动作:当反应堆冷却剂系统环路运行温度小于 288 ℃时,要求在 15 min 之内恢复至其限值之上,否则在下个 15 min 之内核电站要处在热备用运行模式。

思考:

为何要对最低临界温度进行限制?

讨论:之所以要求反应堆达临界时 $T_{av} \geqslant 288$ ℃在于保证:

①慢化剂温度系数为负值;

②保护系统的仪表处在正常范围;

③稳压器能在有汽腔情况下处于可运行状态;

④反应堆压力容器远离最小脆性转变温度 RT_{NDT}。

4. 关于控制棒插入限值的运行限制条件(LCO)

规范:控制棒组必须限制在物理插入限值之上。

适用范围:运行模式 1、模式 2。

动作:监测试验除外,当控制棒组插入位置在规范限值之下时,则:

①在 2 h 之内恢复控制棒组位置在限值之上;

②在 2 h 之内将热功率降至小于或等于图 3.2 中棒位所允许的额定功率份额;

③否则,至少在 6 h 之内使核电站处于热备用运行模式。

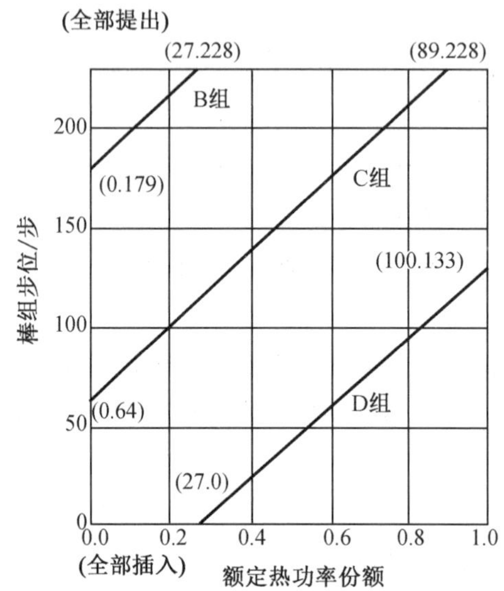

图 3.2　控制棒组插入限值与热功率之间的关系

举例说明,如果核电站处在 100%满功率下稳定功率运行,从图 3.2 中可见,D 组控制棒的插入限值为 133 步。这意味着 D 组控制棒棒位不能低于 133 步。假如,此时实际棒位为 100 步,就不满足插入限值要求了,则根据动作(ACTION)要求,即:

①在 2 h 之内,通过调硼将控制棒"赶"至 133 步之上;

②在 2 h 之内,将功率降至 82.5%以下,即满足控制棒位高于 100 步之上。

如果 2 h 之内完不成①或②,则电厂应运行在热备用模式,允许时间为 6 h。

3.4.3　功率分布限值

主要包括轴向中子注量率偏差(AFD)D_{AF}、象限功率倾斜比(QPTR)R_{QPT}、热流密度热管因子,核焓升及热管因子偏离泡核沸腾(DNB)参数与功率分布有关的一些规范。

下面仅介绍两条重要的运行限制条件(LCO)规范:轴向中子注量率偏差与象限功率倾斜比。

1. 关于轴向中子注量率偏差(AFD)D_{AF} 的运行限制条件(LCO)

规范:所指示的轴向中子注量率偏差 D_{AF} 必须维持在 D_{AF} 靶值两侧的靶带内。

(1)当堆芯平均累积铀燃耗小于或等于 6 000 MWd/t 时,靶带宽为±5%(图 3.3);

(2)当堆芯平均累积铀燃耗大于 6 000 MWd/t 时,靶带宽不对称,为(+3%,-12%)(图 3.4)。

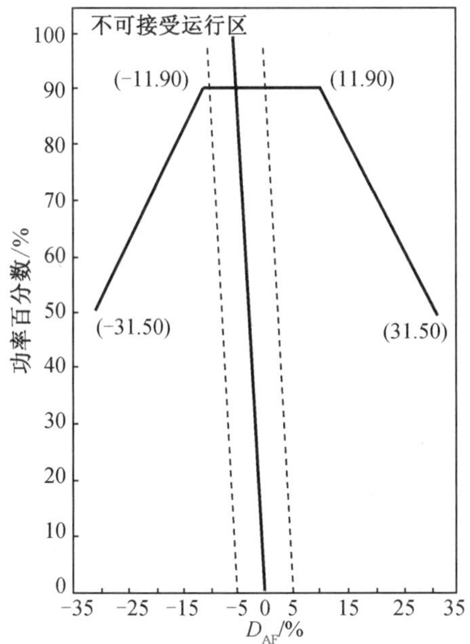

图 3.3 轴燃耗≤6 000 MWd/t 时 AFD 与功率的关系

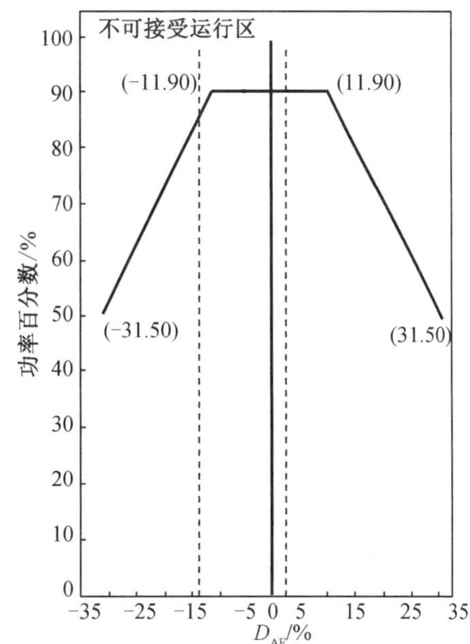

图 3.4 轴燃耗>6 000 MWd/t 时 AFD 与功率的关系

当运行功率在≥50%且<90%额定热功率时，所指示的轴向中子注量率偏差（AFD）D_{AF} 可以偏离出规定的靶带，但应满足：所指示的 D_{AF} 是在允许运行范围内，并在先前 24 h 内越带偏离累计时间不超过 1 h。

当运行功率在>15%且<50%额定热功率时，所指示的 D_{AF} 可以偏离出规定的靶带，但应满足在先前 24 h 越带偏离累计时间不超过 2 h。

适用范围：运行模式 1，且在 15%额定热功率之上。

（1）当热功率大于或等于 90%额定热功率，所指示的 D_{AF} 偏离出当时靶带外时，应该在 15 min 之内采取如下动作：将所指示的 D_{AF} 值恢复到靶带限值之内，或将热功率降低到 90%额定功率之下。

（2）当运行功率在≥50%和<90%额定热功率之间，所指示的 D_{AF} 偏离出靶带，但在先前的 24 h 内越带偏离，累计时间不超过 1 h，或所指示的 D_{AF} 值超出允许范围时，则应：

①在 30 min 之内将热功率降至<50%额定热功率；

②在此后 4 h 内，将功率量程中子注量率高停堆保护定值点降至≤55%额定热功率。

（3）当运行功率小于 50%额定热功率，所指示的 D_{AF} 偏离出靶带，但在先前的 24 h 内越带偏离累计时间超过 2 h 时，不能将热功率升至≥50%额定热功率。只有在所指示的 D_{AF} 处在规定靶带内或在先前 24 h 内越带偏离累计时间不超过 2 h 的情况下，才能将热功率升至 50%额定功率以上。

轴向中子注量率偏差限值确保热流热管因子 $F_Q(z)$ 无论在正常运行时还是跟随功率变化而引起的氙的再分布时，都不超过归一化轴向峰值因子乘以 2.32 构成的包络线上界。

遵照技术规范，核电站运行应保证轴向中子注量率偏差 D_{AF} 在规定的靶带内；但是当核电站快速降功率时，控制棒移动将引起轴向中子注量率偏差 D_{AF} 偏离出低功率水平的靶带之外。这种偏离不会对氙再分布有很大影响,也不会改变峰值因子的包络线。如果发生上述偏离的时间是有限的,则此峰值因子在功率返回到额定功率时,轴向中子注量率偏差 D_{AF} 仍然会处在额定功率时的靶带之内。

前面分析已经得知轴向中子注量率偏差 D_{AF} 与堆芯寿期的关系,在同样的条件下[满功率,氙平衡,所有控制棒提出堆外(ARO)]堆芯寿期末时的功率分布较堆芯寿期初时的平坦。虽然 D_{AF} 靶值均为负值,但从堆芯寿期初时的绝对值大向堆芯寿期末时的绝对值小变化,最后接近于0。根据这一倾向,就能定性地解释为什么在技术规范中当堆芯燃耗大于6 000 MWd/t (U)时,D_{AF} 有着(+3%,-12%)这样一个不对称的靶带。

这里还需要说明一点,控制棒是否插入堆芯,插入的深浅都会直接影响到轴向功率分布,影响着 D_{AF} 的数值的大小。棒插入越深,D_{AF} 值越负(绝对值越大)。当然控制棒棒位必须在其插入极限之上。正是这个原因,测定 D_{AF} 时应尽量做到使所有控制棒处在堆外(ARO)。运行过程中,通过调节慢化剂中的硼浓度,改变控制棒棒位,进而调整 D_{AF} 的大小,使之可维持在预期的靶带之内。通常概括有如下两条规律:

①通过对硼的稀释来平衡控制棒的插入深度,结果导致 D_{AF}(或 O_A)变得更负;

②通过对硼的加浓来平衡控制棒的提出高度,结果导致 D_{AF}(或 O_A)变得更正。

轴向中子注量率偏差 D_{AF} 是运行在高功率水平且平衡氙的工况下确定的。此时,控制棒棒位较高,接近于棒位的上限或全部提出堆外(ARO)。在这样的工况下,所得的 D_{AF} 值除以其额定热功率的份额即得出与其相应的堆芯燃耗情况下额定功率时的 D_{AF} 靶值。

通常,通过作 D_{AF} 与堆功率水平的关系曲线及在靶值 D_{AF} 和 $D_{AF}=0$ 之间连接一条直线,即可得到所有功率水平下的 D_{AF} 值。

例如,对核电站处于较高运行功率的情况,约为85%额定功率、氙平衡且所有控制棒都提出堆外(ARO)时,测定 D_{AF} 值为-4.25%,可以求得不同功率水平下的 D_{AF} 值。

因为 D_{AF} 值与功率是线性关系,所以很容易得到100%额定功率情况的 D_{AF} 为-5%。

在核电站里,轴向中子注量率偏差 D_{AF},因为是由电离室所测得的电流差值,所以也常用 ΔI 表示。但描写轴向中子注量率分布还有一个运行物理量——轴向偏移,往往人们会把这两个物理量混淆。因此应该弄清 $D_{AF}(\Delta I)$ 与 O_A 的差别(ΔI 与 O_A 以后会专门讨论)。

2. 关于象限功率倾斜比(QPTR)R_{QPT} 的运行限制条件(LCO)

规范:象限功率倾斜比 R_{QPT} 必须不超过1.02。

适用范围:运行模式1,且在50%额定热功率之上。

(1)当象限功率倾斜比 R_{QPT} 值超过1.02,但小于1.09时

①在达到以下两种情况任何之一时,对 R_{QPT} 至少每小时计算一次:

a. R_{QPT} 降至≤1.02;

b. 热功率降至小于50%额定热功率。

②两小时之内,必须做到将QPTR降至≤1.02;或者对于所指示的 R_{QPT} 值超过1.0的每1%至少需要降低3%额定热功率(例如:100%额定热功率时,$R_{QPT}=1.05$,则热功率应该从原来100%,降低≥5×3%而到达≤85%额定热功率)。

同样地在此后4 h之内降低功率量程中子注量率高停堆保护定值点。

③验证 R_{QPT} 在超限后的 24 h 内是否能回到其限值内，否则，在此后 2 h 之内需将热功率降至<50%额定热功率，并在此后 4 h 之内，将功率量程中子注量率高停堆保护定值点降至≤55%额定热功率时值。

④在提升功率之前，需查明超限原因并改正之。假如 R_{QPT} 经过 12 h 的至少每小时一次的验证是在其限值之内，则随后可以进行 50%额定热功率以上功率运行；否则，需直到验证了≥95%额定热功率下 R_{QPT} 也可接受时，才能进行 50%额定功率以上的功率运行。

(2)当由于控制棒失步使所确定的 R_{QPT} 超过 1.09 时

①在达到以下两种情况任何之一时，QPTR 至少每小时计算一次：

a. R_{QPT}≤1.02；

b. 热功率降至小于 50%额定功率。

②在 30 min 之内，对于所指示的 R_{QPT} 值超过 1.0 的每 1%，至少需要降低 3%额定热功率。

③验证 R_{QPT} 在超限后的 2 h 内，要能回到其限值内；否则，在此后的 2 h 之内，需将热功率降至小于 50%额定热功率。并在此后的 4 h 之内，将功率量程中子注量率高停堆保护定值点降至≤55%额定热功率时值。

④在提升功率之前，需查明超限原因并改正之。假如 R_{QPT} 经过 12 h 的至少每小时一次的验证是在其限值之内，则随后可以进行 50%额定功率以上的功率运行；否则，需直到验证了≥95%额定功率下 R_{QPT} 也可接受时，才能进行 50%额定热功率以上的功率运行。

(3)当由于控制棒失步之外的原因使所确定的 R_{QPT} 超过 1.09 时

①在达到以下两种情况任何之一时，R_{QPT} 至少每小时计算一次：

a. R_{QPT}≤1.02；

b. 热功率降至小于 50%额定热功率。

②在 2 h 之内，将热功率降至小于 50%额定热功率，并在此后 4 h 之内，将功率量程中子注量率高停堆保护定值点降至≤55%额定功率时值。

③在提升功率之前，需查明超限原因并改正之。假如 R_{QPT} 经过 12 h 的至少每小时一次的验证是在其限值之内，则随后可以进行 50%额定热功率以上的功率运行；否则，需直到验证了≥95%额定热功率下 R_{QPT} 也可接受时，才能进行 50%额定热功率以上的功率运行。

解释：

R_{QPT} 限值取 1.02，可以保证径向功率分布能够满足发出功率能力分析中所用的设计要求。径向功率分布的测量是在启动试验中进行的，而在功率运行期间也要定期地进行。在 $X-Y$ 平面功率倾斜时，1.02 限值可以提供 DNB 和线功率密度保护。

R_{QPT} 不同于 D_{AF}，它在主控室没有仪表指示记录，但功率量程中，任两通道偏差超过 2% 时，则给出报警。

3.4.4 仪表

这部分含反应堆紧急停堆系统仪表，专设安全设施驱动系统仪表、监测仪表及汽轮机超速保护等运行限制条件(LCO)规范。

该部分的运行限制条件(LCO)规范明确而清晰且多以列表形式给出,这里不予以讨论。

3.4.5 反应堆冷却剂系统

这部分含反应堆冷却剂环路、安全阀、稳压器、卸压阀、蒸汽发生器、反应堆冷却剂泄漏、水化学、比活度、压力/温度限值、结构完整性和反应堆冷却剂系统通风等运行限制条件规范。

3.4.6 应急堆芯冷却系统(ECCS)

这部分含安注箱,不同温度下应急堆芯冷却子系统,浓硼酸注入系统及换料水箱(RWST)等运行限制条件(LCO)规范。

3.4.7 安全壳系统

这部分含安全壳、降压和冷却系统、除碘系统、安全壳隔离阀、可燃气体控制和真空泄漏系统等运行限制条件(LCO)规范。

举例:关于安全壳完整性运行限制条件(LCO)。

规范:安全壳完整性必须要保持。

适用范围:运行模式 1、模式 2、模式 3、模式 4。

动作:在安全壳完整性有损情况下,应在 1 h 之内恢复安全壳完整性;否则,核电站至少在下一个 6 h 之内应处于热备用模式,并在后续的 30 h 之内处于冷停堆模式。

3.4.8 电厂系统

这部分含汽轮机热力循环系统、蒸汽发生器压力/温度限值、设备冷却水系统、重要冷却水系统、防淹没系统、控制室事故空调系统、最终热井等运行限制条件(LCO)规范。

3.4.9 电力系统

这部分含交流电源、直流电源、厂内配电、电气设备保护装置等运行限制条件(LCO)规范。

3.4.10 换料运行

这部分含硼浓度、仪表、衰变时间、安全壳厂房贯穿、通信、换料机械、安全壳通风隔离系统、反应堆压力容器水位等运行限制条件(LCO)规范。

3.4.11 特殊试验

这部分含在电厂进行特殊试验时一些特定的运行限制条件(LCO)规范,这里不具体讨论。

3.5 监测要求

监测要求在核电站技术规格书中是保证核电站安全运行,满足运行限制条件的重要措施。规定了对安全相关项和参数在适当的深度和频度范围内进行试验、检定、监测和检查的监督要求,以保证技术规格书规定的安全限值、安全系统整定值和运行限制条件的有效性。它是与运行限制条件伴生的,因此,监测要求部分与运行限制条件部分条数相同。

3.6 设计特点

这部分内容含核电站设计考虑的一些重要问题,如厂址、安全壳、反应堆堆芯(燃料组件、控制棒组件等)、反应堆冷却剂系统(设计压力与温度、总容积等)、气象塔位置、燃料贮存以及设备循环或瞬变的限值(广东大亚湾核电站、秦山第二核电厂等技术规格书中不含这部分)等。

3.7 行政管理

一般核电站行政管理都包括职责、组织机构、核电站人员资格、培训、审查和监管、可报告的事件、违反安全限值、规程和计划、报告要求、记录保存、辐射防护政策等内容。当然每个核电站根据该厂的具体情况,均有所差别,不过大同小异。

核电站技术规格书是核电站运行中最重要的文件,它是制定核电站运行规程的主要依据,也是操纵员和高级操纵员保证核电站安全运行必须深刻理解和认真执行的文件。每个操纵人员都应该养成严格遵从并执行规范的良好运行习惯。在美国核电站,如果操纵员在运行中几次违反了技术规范而被美国核管会(NRC)驻厂监督员发现并报告上级时,则该操纵员执照将被吊销。

尽管各个核电站的技术规格书都有所差异,但它的最终目的是相同的,即严格遵从技术规格书中的技术规范是确保核电站安全运行的必要条件。

对于技术规格书的内容,还有以下几点说明。

(1)安全限值和运行限制条件之间的关系是互留裕度、多层设防的,防止在正常运行状况以及中等频率事件工况下发生突破设计规定的限值的事件,为防止事故发生或缓解事故后果提供必要的保证。

(2)当出现某一不可用事件,后撤时间的确定一般采用基于风险评价的方法。

(3)由于机组状况要求,如果严格遵守技术规格书可能对安全反而不利时,电厂可做出机组运行暂时偏离技术规格书某项要求的决定,如:在部分不可用性超过容许限值情况下维持反应堆运行在初始运行模式下等。但在决定实施之前电厂必须向核安全当局提交特许申请,并经审批后方可严格按照申请中的承诺(如期限、预防措施、补充安全措施等)执行。

3.8 秦山核电厂技术规格书简介

秦山核电厂是中国自行设计、建造和运营管理的第一座30万千瓦压水堆核电站,技术上采用成熟的压水反应堆,核岛内采用燃料包壳、压力壳和安全壳3道屏障,能承受极限事故引起的内压、高温和各种自然灾害。秦山一期于1985年开工,1991年正式建成投入运行,初始设计寿命30年,至此,中国核电实现了零的突破,成为世界上第七个能够自行设计建造核电站的国家,结束了中国大陆无核电的历史。

时至今日,秦山核电厂已安全运行30余年,秦山核电基地总装机容量达660万千瓦,年发电量约520亿千瓦时,累计安全发电6 900亿千瓦时,为我国核电机组数量最多、堆型最全面、核电运行管理人才最丰富的核电基地。秦山核电厂一流的运行业绩为我国核电事业的发展积累了经验,为后续核电发展打下了坚实基础。

秦山核电厂一期1号机组于2021年运行寿命届满,2021年7月,经国家核安全局批准,秦山核电厂一期1号机组运行许可证获准延续,有效期延至2041年7月30日。为我国构建整套运行许可证延续技术体系和评估方法填补了空白。

随着我国核电事业的不断发展,国内核电站运行技术规格书也随之不断发展更新,由于美国核电站发展得早,数量也多,所以早期就具有比较完整的运行文件,如技术规格书等。后来,其他各国在发电方面,除了结合本国国情,也引进了美国的技术与经验,在消化的基础上,进行改进与完善。我国秦山一期CNP300压水堆,秦山三期CANDU-6重水堆,田湾1、2、3、4号VVER机组,三门、海阳AP1000等都采用了美系模式的运行技术规格书,与前文介绍的美国西屋型压水堆核电站的技术规格书类似,秦山核电厂一期技术规格书主要包含以下内容。

1. 定义

给出了在技术规范中遇到的一些专用名词的确切含义,如O_A、ΔI、热管因子等。

2. 安全限值

规定了每道安全屏障的有关限值(第一道屏障为燃料包壳、第二道屏障为反应堆冷却剂压力边界、第三道屏障为安全壳)。

3. 保护阈值

给出了各种自动保护装置的触发点,这些保护装置用以触发防止超过安全限值和应付预计运行事件的保护动作。对于安全限值中的参数以及影响压力或温度瞬态的其他参数或参数组合,都要选定保护阈值;超过某些整定值将引起停堆以抑制瞬态,超过另一些阈值将导致其他自动动作以防止超越安全限值;还有一些保护阈值用于使专设安全系统投入运行,用来限制预计瞬态过程以防止超越安全限值,或减轻假想事故的后果。

4. 运行中的限制条件

使正常运行值与规定的安全系统整定值之间留有适当裕量，当某一安全相关项不可用或某一安全相关参数偏离正常时，要求机组在规定的时间内后撤到规定的工况，从而防止事故发生或缓解事故后果。

5. 监测要求

前面规定了在安全相关设备不能运行或安全相关参数异常发展事件中必须满足的安全限值,保护阈值以及要遵守的运行规程和依据。严格运用这些规定,是能够保证核电站在整个寿期内安全的最低技术要求的。

对上述技术规范提供必要的监督手段和最低限度的监督频度,能够保证安全相关参数设备的可运行性及其性能合格,并保证满足对三道屏障提出的安全限值的要求。

6. 行政管理

这部分与其他核电站类似,并结合秦山核电厂的具体情况而设定。

7. 秦山核电厂运行技术规格书应用与改进

20 世纪 80 年代以来，核电站批量化的建造和运行使技术规格书出现标准化趋势，从那时起，NRC 陆续发布了由各核电业主集团起草并经 NRC 审批的标准技术规格书，即 NUREG-(1430~1434)。核电站在编写技术规格书时只要在同类型核电站标准技术规格书的基础上完善不同点。近年来,我国核电技术飞速发展,运行机组总数不断攀升,技术规格书种类繁多,从核安全监管的通用性以及电厂之间交流的便利性出发，迫切需要分析不同核电站技术规格书的技术特点,并在此基础上吸收各种技术规格书的优点，逐步形成一套标准技术规格书。

第4章　核电站虚拟仿真实验教学系统

4.1　核电站虚拟仿真实验教学系统组成

核电站虚拟仿真实验教学系统平台能够提供模拟核电站反应堆、一回路热工水力、一回路辅助及专设安全系统、二回路系统、控制系统等运行特性，能实时再现核动力系统在各运行工况下的性能与行为，能实现反应堆启动、停闭、功率运行以及各种典型事故。可用作学生仿真实验平台、科学研究数据验证平台。授权每台计算机为1台仿真机，即每台计算机安装一套核电站仿真系统软件。

1. 核电站虚拟仿真实验教学系统硬件

核电站虚拟仿真实验教学系统硬件主要由大屏幕系统、教师计算机、仿真计算机(共30台)、网络交换机等组成，如图4.1所示。

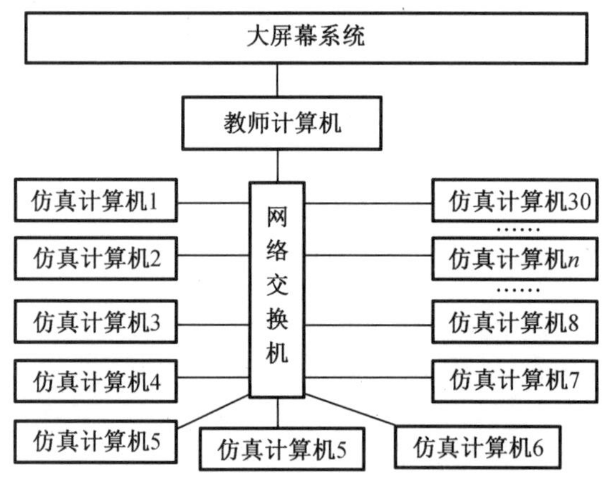

图4.1　核电站虚拟仿真实验教学系统组成

(1)大屏幕系统

大屏幕系统主要投教师计算机显示内容，为学生上课演示操作内容。

(2)教师计算机

教师计算机也是一台仿真计算机，教师计算机安装一套核电站仿真系统，为学生演示仿真机操作实验。

(3)仿真计算机

仿真计算机共30台，安装一套核电站仿真系统，为学生提供运行核电站的仿真实验。

(4)网络交换机

提供局域网的数据交换和传递功能。

2. 核电站虚拟仿真实验教学系统软件

核电站虚拟仿真实验教学系统软件组成,如图 4.2 所示。

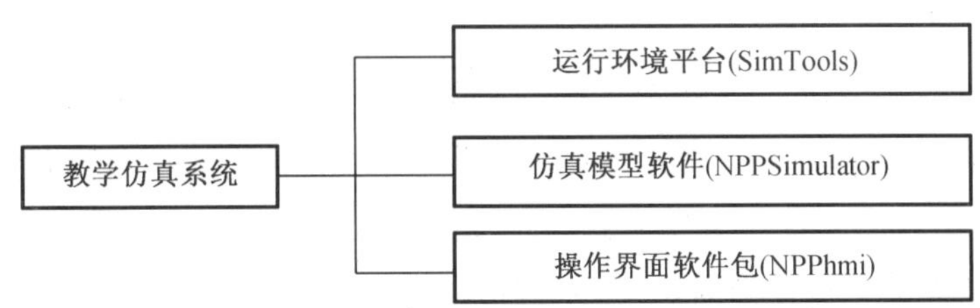

图 4.2 核电站虚拟仿真实验教学系统软件组成

(1)SimTools

对模型程序进行运行控制等管理。

(2)NPPSimulator

能够提供模拟核电站反应堆、一回路热工水力、一回路辅助及专设安全系统、二回路系统、控制系统等运行特性,能实时再现核动力系统在各运行工况下的性能与行为,能实现反应堆启动、停闭、功率运行以及各种典型事故。

(3)NPPhmi(Draw)

能够提供各种设备的操纵运行,从而实现反应堆启动、停闭、功率运行以及各种典型事故的运行的界面,并能够提供实验数据的导出。

核电站虚拟仿真实验教学系统建成后效果如图 4.3 所示。

图 4.3 核电站虚拟仿真实验教学系统建成后效果图

4.2 核电站虚拟仿真实验教学系统使用

4.2.1 概述

核电站虚拟仿真实验教学系统主要包括运行环境平台、仿真模型软件以及操作界面三部分,系统组成部分已介绍。该仿真系统采用即见即所得的方式进行操作,通过导航方式可以快速定位操作界面。教学仿真实验系统交互软件包括 SimHMI 和 SimINS 两个部分,SimHMI 为仿真实验监控操作画面,SimINS 为仿真模型控制画面。SimHMI 提供仿真实验对核电站系统和设备所有操作,SimINS 提供仿真系统的运行、冻结、加速、减速、快照、复位以及实验数据的导出等功能。本核电站虚拟仿真实验教学系统提供的初始边界工况表(IC)和故障清单表分别如表 4.1 和表 4.2 所示。

表 4.1 初始边界工况表

序号	初始工况编号	工况描述
1	IC001	冷停堆,PZR 满水
2	IC002	冷停堆
3	IC003	中间停堆 B 阶段
4	IC004	中间停堆 A 阶段
5	IC005	热停堆(初装 BOL)
6	IC006	热停堆(初装 BOL,氙平衡)
7	IC007	临界(初装 BOL)
8	IC008	1.2%核功率(未暖管)
9	IC009	2%核功率(暖管,未抽真空)
10	IC010	5%核功率(抽真空,汽轮机未建转速)
11	IC011	6%核功率(汽轮机转速 3 000)
12	IC012	9%核功率(汽轮机带初始负荷)
13	IC013	22.96%核功率
14	IC014	电功率 150 MW
15	IC015	电功率 225 MW
16	IC016	电功率 270 MW
17	IC017	电功率 300 MW
18	IC018	热停
19	IC019	8 MPa PZR
20	IC020	6.9 MPa

表 4.1(续)

序号	初始工况编号	工况描述
21	IC021	4.5 MPa 226 ℃
22	IC022	3.8 MPa 211 ℃
23	IC023	3.0 MPa 205 ℃
24	IC024	3.0 MPa 180 ℃
25	IC025	195 MW
26	IC026	150 MW
27	IC027	120 MW
28	IC028	60 MW
29	IC029	45 MW
30	IC030	15 MW
31	IC031	汽轮机脱扣
32	IC032	满功率,研究平均温度不变方案
33	IC033	减温降压
34	IC034	热停
35	IC035	解列
36	IC036	120 MW
37	IC037	77 MW
38	IC038	78.64 MW
39	IC039	48 MW
40	IC040	38 MW

表 4.2 故障清单表

序号	故障类型	故障描述
1	泵故障	故障停止、故障启动
2	控制棒故障	包括单根控制棒落棒等
3	一回路破口事故	故障发生位置为冷管段、热管段、过渡段等
4	蒸汽发生器传热管故障	蒸汽发生器传热管破裂
5	蒸汽管道破裂	故障发生在蒸汽母管、各蒸汽发生器传输管道
6	蒸汽发生器给水丧失	包括给水泵停闭、给水管道破裂等
7	汽轮机甩负荷	主汽门关闭或发电机故障引起的事故

4.3.2 核电站虚拟仿真实验教学系统的安装与维护

1. 运行环境安装

本核电站虚拟仿真实验教学系统软件依赖于 C 语言和 Fortran 语言，需要安装 Visual Studio 2010 和 Intel Fortran 10. 1。

安装 Visual Studio 2010 版和 Intel Fortran 10. 1，选择全部安装；安装到 C 盘默认盘符和路径，不要修改路径。

2. 仿真模型软件授权安装

本软件采用第三方软件 CodeMeterRuntime. exe，插入授权密匙，安装及授权步骤如下。

(1)安装 CodeMeterRuntime. exe 软件，点击 CodeMeterRuntime. exe 软件(图 4. 4)，直接点击“下一步”即可。

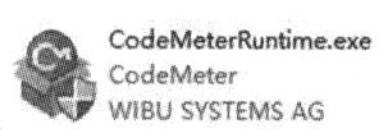

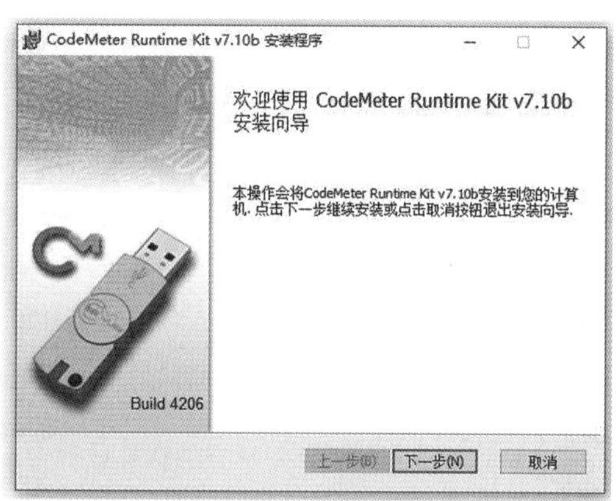

图 4. 4 CodeMeterRuntime. exe 软件安装图

授权设置过程。安装 CodeMeterRuntime. exe 完成后，点击任务栏右下角出现 CodeMeterRuntime 运行图标(即黑色圈在的图标)，如图 4. 5 所示。

图 4. 5 授权软件 CodeMeterRuntime 运行图标

任务栏点击 CodeMeterRuntime 运行图标，出现如图 4. 6 所画面。

点击 CodeMeterRuntime 运行界面菜单中“文件”→“web 管理界面”(图 4. 7)，出现如图 4. 8 所示画面。

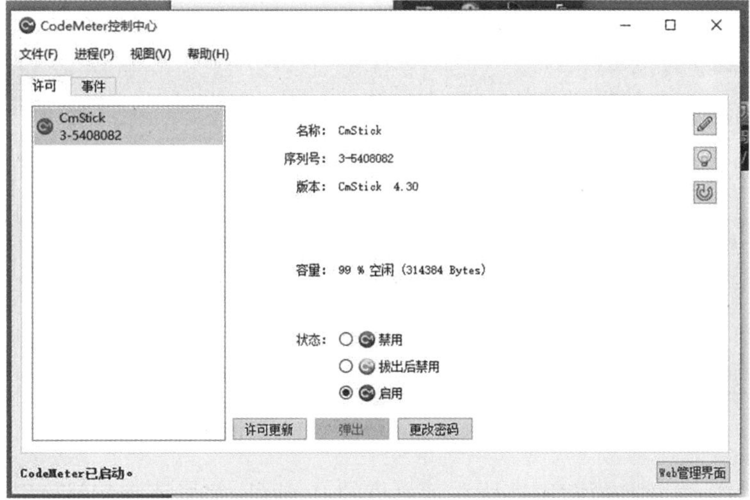

图 4.6 授权软件 CodeMeterRuntime 运行界面

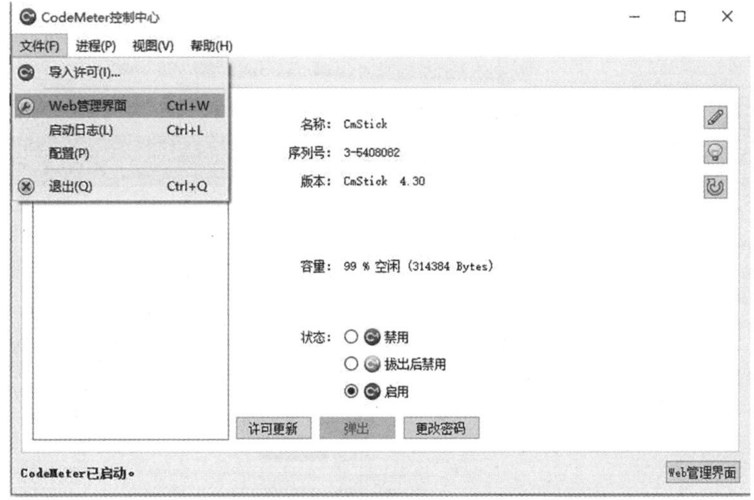

图 4.7 CodeMeterRuntime 授权管理入口画面

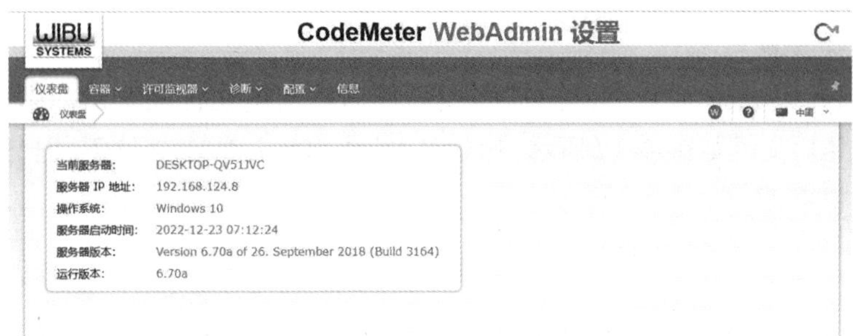

图 4.8 CodeMeterRuntime 授权管理总览画面

点击“配置”→“基本”→“指定服务器列表”，如图 4.9 所示。

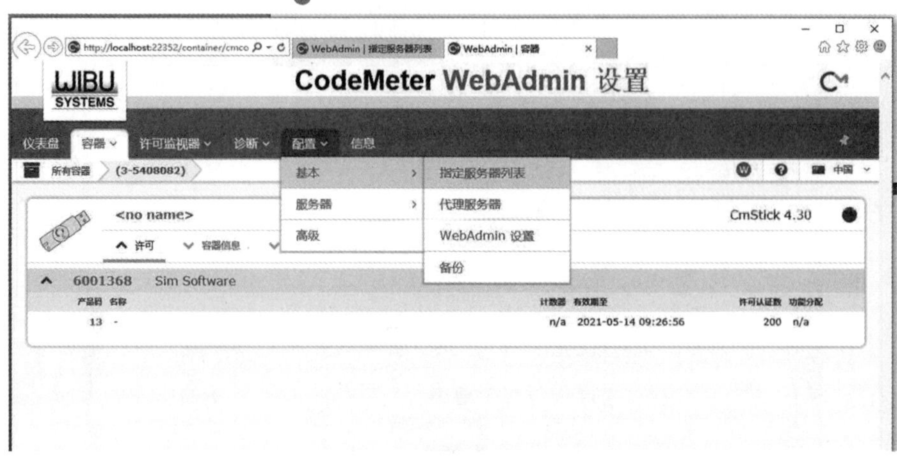

图 4.9　CodeMeterRuntime 授权管理配置服务器列表画面

如图 4.10 所示，添加授权密匙所在计算机的 IP 地址，完成该步骤就可以实现模型访问授权。

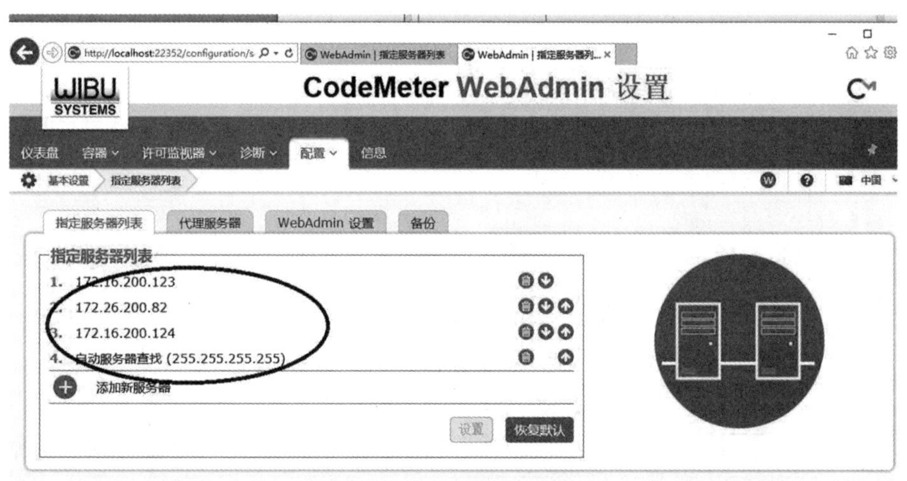

图 4.10　CodeMeterRuntime 授权管理配置授权服务器 IP

3. 仿真软件安装

将光盘中的 NPPSimulator. rar 拷贝到 D 盘，然后在当前文件夹解压即可(图 4.11)，仿真系统软件解压后文件如图 4.12 所示，然后到 D:\NPPSimulator 文件下，把“NPPSimulator”拷贝到本计算机桌面。

图 4.11 核电站虚拟仿真实验教学系统软件安装与解压包图

图 4.12 核电站虚拟仿真实验教学系统软件文件图

4.3.3 核电站虚拟仿真实验教学系统的使用说明

1. 核电站虚拟仿真实验教学系统启动与停止

(1)核电站虚拟仿真实验教学系统启动

在 D:\NPPSimulator 下或在计算机桌面点击 NPPSimulator 快捷命令,如图 4.13 所示。点击 NPPSimulator 快捷命令后等待一段时间,若出现如图 4.14 所示画面,表示模型程序启动完毕,图 4.15 表示仿真通信程序启动完毕,图 4.16 表示仿真操作画面程序启动完毕。需要注意的是:启动仿真系统过程不要关闭任何过程中出现的命令行窗口或程序,若关闭命令行窗口或程序,需要重新启动仿真机程序。

(2)核电站虚拟仿真实验教学系统停止

在 D:\NPPSimulator 下或在计算机桌面点击 NPPSimulatorDown 快捷命令,如图 4.17 所示。点击 NPPSimulatorDown 快捷命令后等待一段时间,若出现如图 4.18 所示画面,并且任务栏所有进程已经消失,表示仿真系统程序停止完毕。

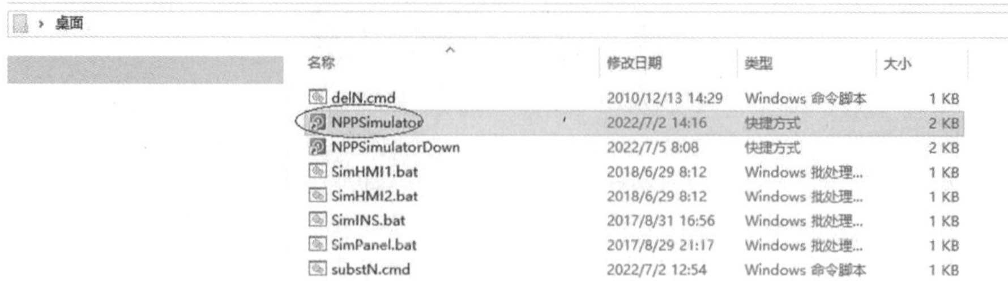

图 4.13　核电站虚拟仿真实验教学系统启动画面

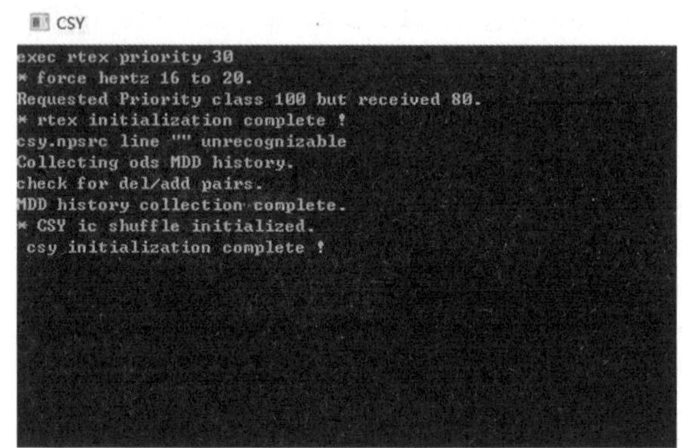

图 4.14　模型程序启动画面

图 4.15　仿真通信程序启动画面

图 4.16　仿真操作画面程序启动画面

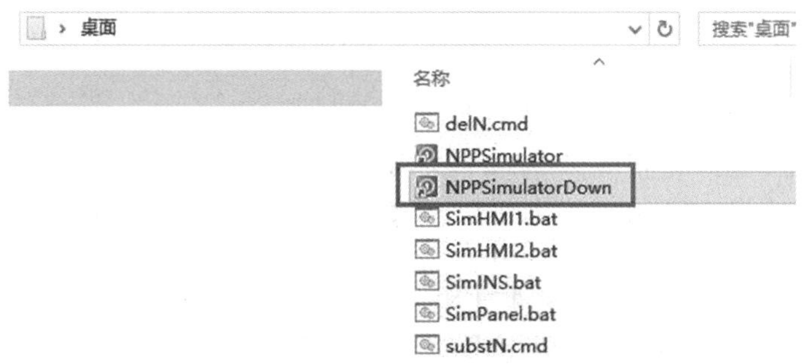

图 4.17　核电站虚拟仿真实验教学系统停止画面

```
NPPSimulatorDown
Downloading the RealTime load
Setting environment for using Microsoft Visual Studio 2010 x86 tools.
系统找不到指定的文件。
成功: 已终止进程 "InsServer.exe"，其 PID 为 13040。
成功: 已终止进程 "gdser.exe"，其 PID 为 4208。
成功: 已终止进程 "dbser.exe"，其 PID 为 8452。
成功: 已终止进程 "Dirser.exe"，其 PID 为 2472。
成功: 已终止进程 "javaw.exe"，其 PID 为 3064。
错误: 没有找到进程 "javaw.exe"。
错误: 没有找到进程 "javaw.exe"。
错误: 没有找到进程 "javaw.exe"。
错误: 没有找到进程 "javaw.exe"。
错误: 没有找到进程 "javaw.exe"。
Setting environment for using Microsoft Visual Studio 2010 x86 tools.
```

图 4.18　核电站虚拟仿真实验教学系统程序停止画面

2. 核电站虚拟仿真实验教学系统的运行与操作

(1)操作画面使用方法(SimHMI)

①操作画面登录

操作画面启动后点击画面菜单命令“系统”→“登录”命令，弹出“系统”窗口和“登录”窗口，如图 4.19 和图 4.20 所示。在登录窗口，选择操作员并输入密码(密码为 1)，进入运行画面，如图 4.21。

②操作画面导航

操作画面软件设计两种模式导航，能够快速切换到需要操作和监测的画面，画面最上面的菜单栏为一级菜单，菜单栏主要包括系统总貌、反应堆、一回路、二回路、DEH 与电气、安全监测、电站概貌、趋势图、系统报警、操作规程、记录查询等。“反应堆”的二级菜单为反应堆系统、反应堆控制与保护、堆控制与保护信号(图 4.22)，“一回路”二级菜单为主冷却剂系统、化学和容积控制系统、硼和补给水系统、余热排出系统、设备冷却水系统、安注系统、安全壳喷淋系统、稳压器压力水位控制(图 4.23)，“二回路”的二级菜单为蒸汽系统、辅蒸汽系统、汽机抽气系统、旁路排放系统、一级再热系统、二级再热系统、轴封汽系统、主给水系统、凝结水系统、辅助给水系统、循环水系统、蒸汽发生器排污系统、主蒸汽与汽轮机疏水系统、蒸汽排放控制(图 4.24)，“DEH 与电气”的二级菜单包括 DEH 控制、发电机系统(图 4.25)、“安全监测”的二级菜单为安全监测，“电站概貌”的二级菜单为电站概貌，“系统报警”二级菜单为系统报警，“操作规程”的二级菜单为“停堆规程”和“启动规程”(图 4.26)。

图 4.19　核电站虚拟仿真实验教学系统操作画面初始画面

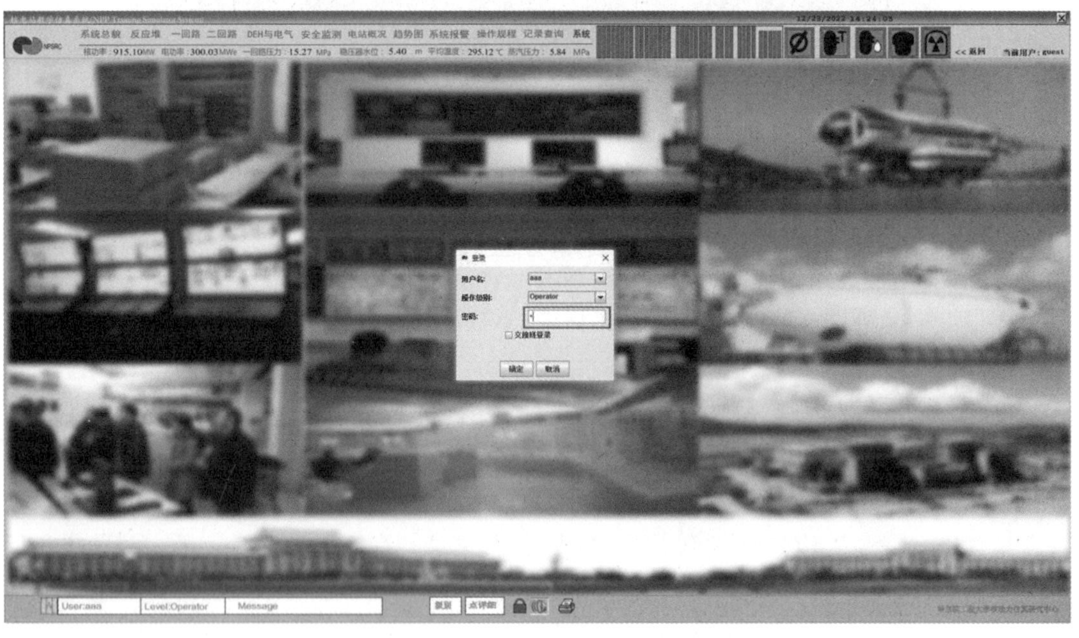

图 4.20　核电站虚拟仿真实验教学系统操作登录画面

图 4.21　核电站虚拟仿真实验教学系统操作运行画面

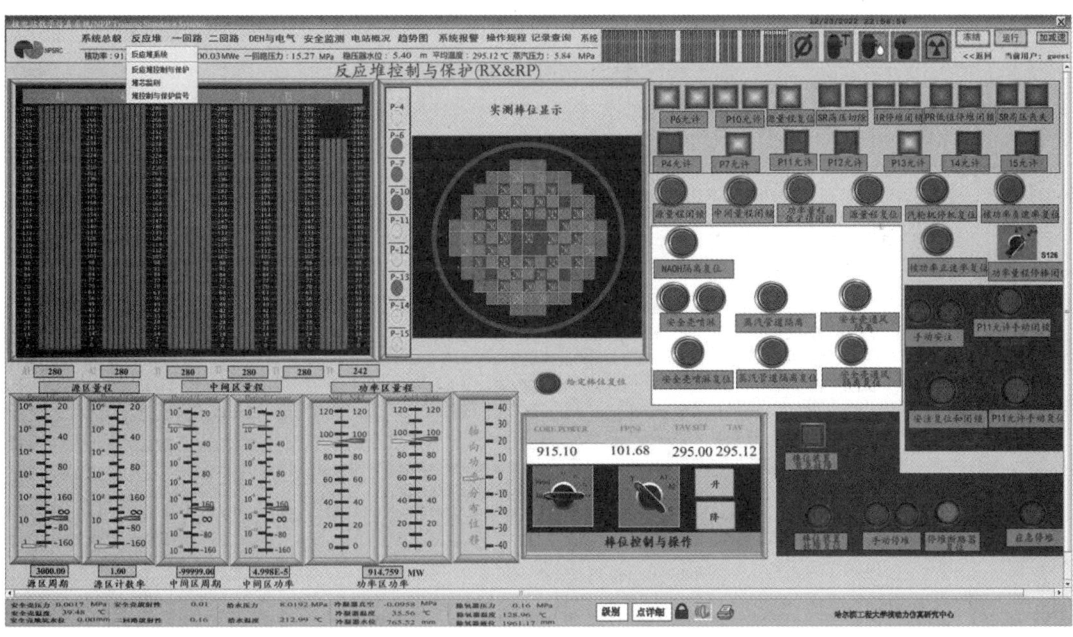

图 4.22　“反应堆”的二级菜单画面

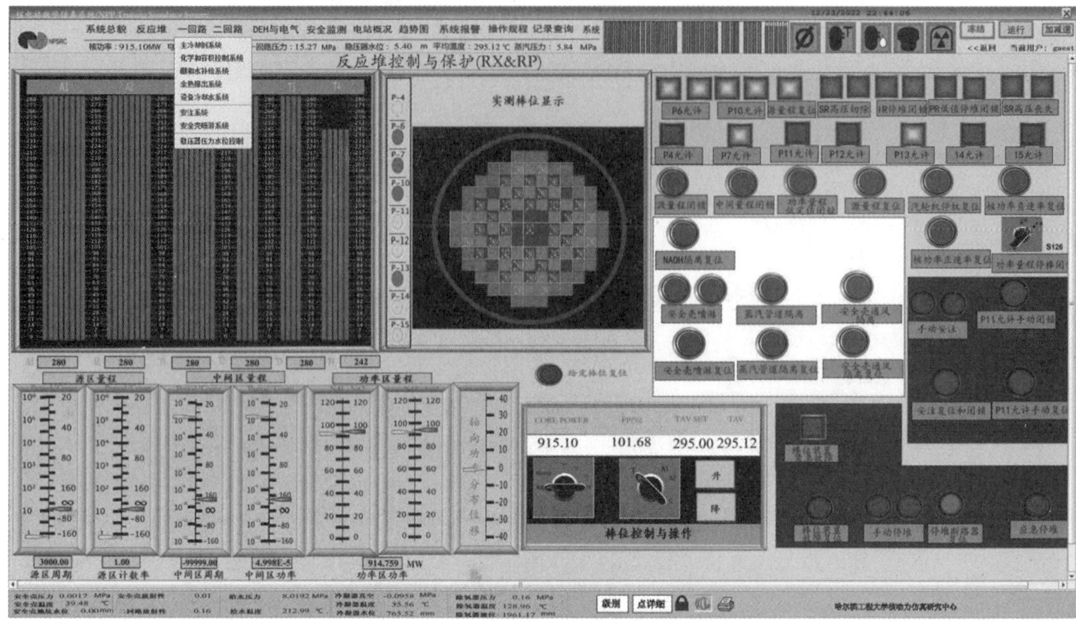

图 4.23 “一回路”的二级菜单画面

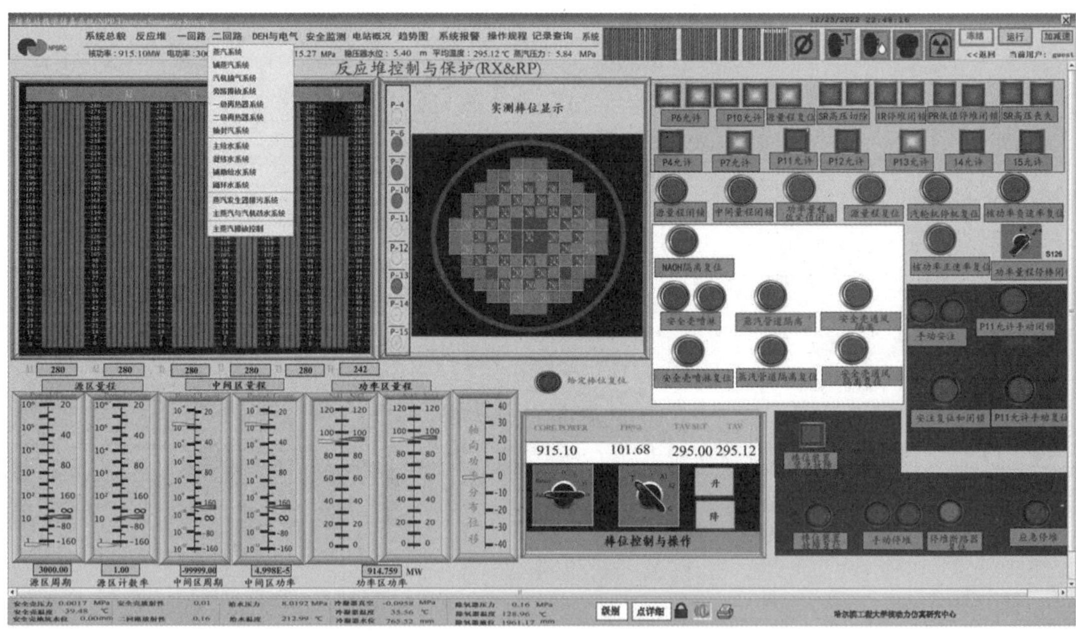

图 4.24 “二回路”的二级菜单画面

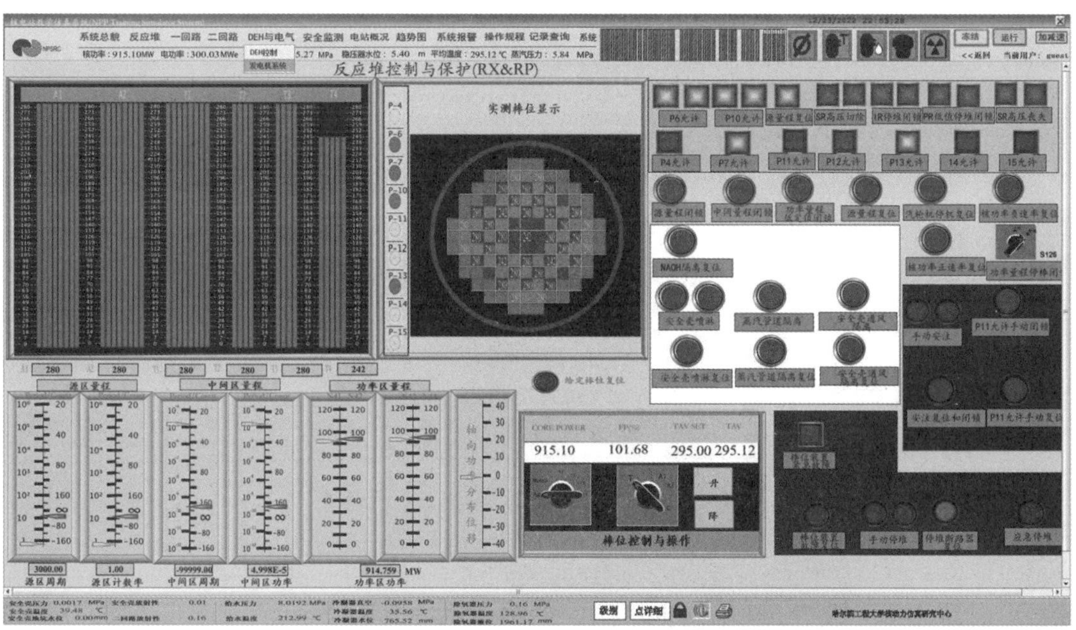

图 4.25 “DEH 与电气”的二级菜单画面

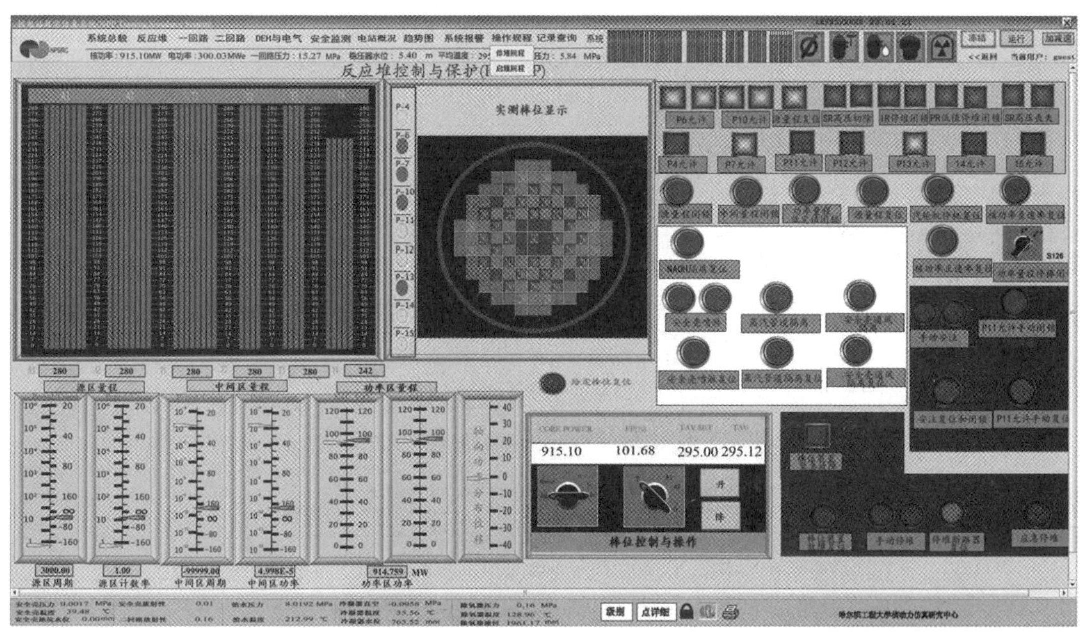

图 4.26 “操作规程”的二级菜单画面

点击系统总貌出现如图 4.21 所示画面，通过画面每个按钮可以交互进入相应的工艺系统画面，如点击“主冷却剂系统”，进入图 4.27 所示画面，也可以通过“一回路”的二级菜单中的“主冷却剂系统”进入操作画面。进入各画面可以进行设备的操作，若需要打开某个阀门的或者启动泵的操作，可以直接点击工艺流程图上的阀门和泵，弹出一个操作画面，如打开主冷却剂系统的稳压器喷淋阀，点击“RCV0104A”阀门出现如图 4.28 所示画面。若操作需要返回到上次浏览的工艺画面，可以点击右上角的“返回”。

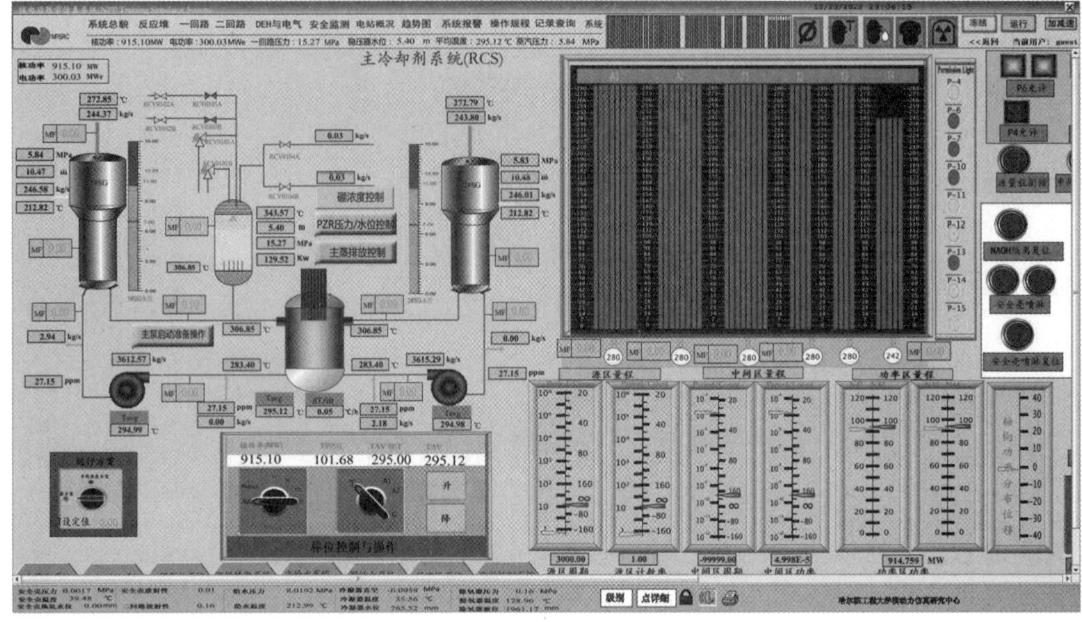

图 4.27　主冷却剂系统操作画面

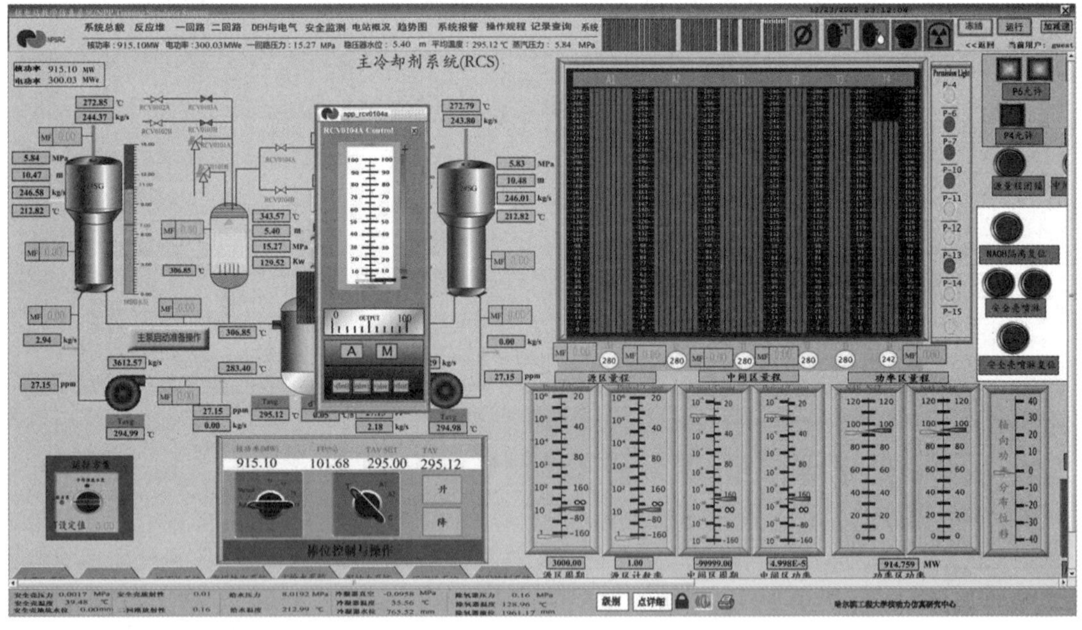

图 4.28　主冷却剂系统的稳压器喷淋阀操作画面

③操作画面故障引入操作

故障引入操作主要通过主冷却剂系统画面，通过鼠标点击 MF 标识的部分，弹出一个画面输入一个 0-1 的数字，可以实现故障程度的引入，如图 4.29 所示。

(2)仿真模型控制画面使用方法(SimINS)

仿真模型控制画面如图 4.30 所示，主要分为三个区：1 区主菜单交互区，包括冻结/运行、默认 IC、快照、复位、工况、回溯、趋势图、控制、参数等功能;2 区为核电站关键参数显示区;3 区为仿真机状态显示和选择区。

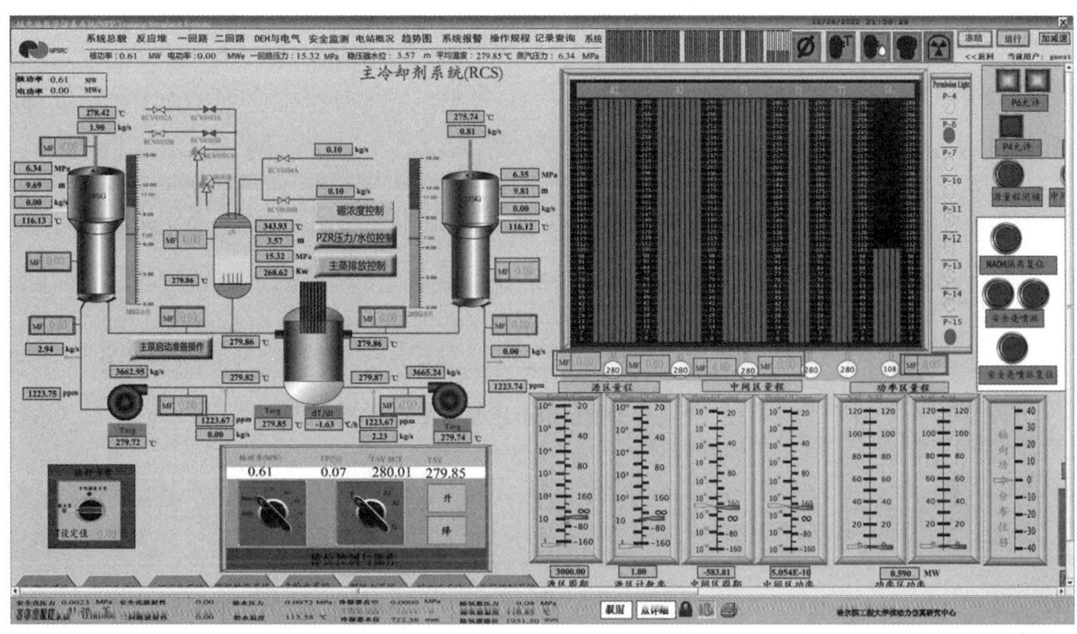

图 4.29 操作画面引入故障操作

图 4.30 仿真模型控制画面主画面

①仿真模型运行与冻结

点击仿真模型控制画面的“FREEZE”将变为“RUN”,表示仿真机为运行状态,如图 4.31 所示;若点击“RUN”,变成图 4.30 所示状态,仿真机为冻结状态。

图 4.31 仿真模型控制软件控制仿真机运行图

②仿真模型的复位工况

点击仿真模型控制画面的复位工况列表框选择一个边界(IC),然后点击“复位”,如图 4.32 所示。另外一种方法是:点击“工况”,弹出图 4.33(a)形式画面,然后选择所复位的 IC

号并双击鼠标，出现如图 4.33(b)所示画面，点击画面的“还原”就可以复位到所选 IC。

图 4.32　仿真模型控制软件控制仿真机工况复位

IC Summary

File Help

核功率(%)	一回路平均温度(C)	一回路压力(MPa)	蒸汽压力(MPa)	稳压器液位(M)	硼浓度(PPM)	电功率(MW)	Current IC	Make Reset IC	Make Snap IC
101.68	295.123	15.267	5.843	5.399	27.160	300.032	0	IC 0	IC 0

0-20 21-40 41-60 61-80 81-100 101-120

IC#	核功率(%)	一回路平均温度(C)	一回路压力(MPa)	蒸汽压力(MPa)	稳压器液位(M)	硼浓度(PPM)	电功率(MW)	Date	Time	Description
0	101.68	295.12	15.27	5.84	5.40	27.15	300	2022-12-22	23:36:54	100%FP满工况1
1	0.00	55.36	0.34	0.10	16.98	1267.16	300	2022-12-22	16:21:34	冷停堆，PRZ满水。
2	0.00	51.65	2.93	0.10	17.08	1256.48	0	2022-12-22	16:24:20	冷停堆
3	0.00	59.90	0.00	0.00	17.05	0.00	0	2022-12-22	16:30:57	中间停堆B阶段
4	0.04	177.39	0.00	0.00	13.41	0.00	0	2022-12-22	16:31:58	中间停堆A阶段
5	0.07	279.84	15.32	6.35	3.57	1223.74	0	2022-12-22	16:32:54	热停堆（初装BOL）
6	0.04	177.38	3.09	0.98	13.41	1186.58	0	2022-12-22	16:33:44	热停堆（初装BOL，氙平衡）
7	0.07	280.05	0.00	0.00	3.59	0.00	0	2022-12-22	16:34:19	临界（初装BOL）
8	1.22	280.97	15.45	6.43	3.73	1221.31	0	2022-12-22	16:34:51	1.2%核功率（未暖管）
9	2.16	281.49	15.17	6.40	3.87	1223.49	0	2022-12-22	16:35:49	2%核功率（暖管，未抽真空）
10	5.88	280.19	14.96	6.30	3.80	1223.29	0	2022-12-22	16:36:21	5%核功率（抽真空，汽轮机未建转速）
11	6.64	283.04	15.23	6.39	4.03	1223.21	0	2022-12-22	16:36:50	6%核功率（汽轮机转速3000）
12	22.92	288.19	15.22	6.53	4.62	1150.95	0	2022-12-22	16:37:20	22%核功率（汽轮机带初始负荷）
13	31.25	286.43	15.21	6.19	4.41	1078.67	0	2022-12-22	16:41:16	31%核功率 电功率71MW
14	55.64	289.19	15.24	6.06	4.86	1010.11	0	2022-12-22	16:42:39	电功率150MW
15	78.46	291.96	15.17	5.92	5.08	995.49	0	2022-12-22	16:46:16	电功率225MW
16	93.14	294.30	15.33	5.91	5.31	973.02	0	2022-12-22	16:45:53	电功率270MW
17	100.67	294.66	15.28	5.81	5.37	962.29	0	2022-12-22	16:44:37	电功率300MW
18	1.39	278.82	15.23	6.19	3.54	27.20	0	2022-12-22	16:47:02	热停
19	1.07	266.42	8.09	4.99	7.68	78.32	0	2022-12-22	16:47:42	8MPa PRZ
20	1.04	254.35	6.94	4.23	7.81	107.13	0	2022-12-22	16:48:10	6.9MPa

(a)

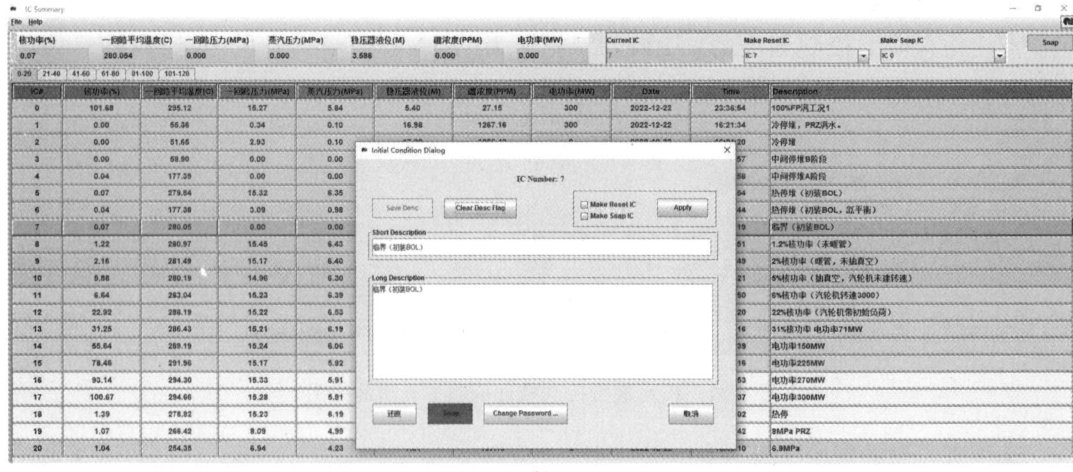

(b)

图 4.33　仿真模型控制软件控制仿真机工况复位(采用工况功能)

③仿真模型的快照功能

实现仿真模型边界存储有两种方式,一种是:点击仿真模型控制画面的快照工况列表框选择一个边界(IC),然后点击“快照”,如图4.34所示。另外一种方法是:点击“工况”,弹出图4.33(a)形式画面,然后选择所复位的IC号并双击鼠标,出现如图4.33(b)所示画面,点击画面的“snap”就可以存储到所选IC。

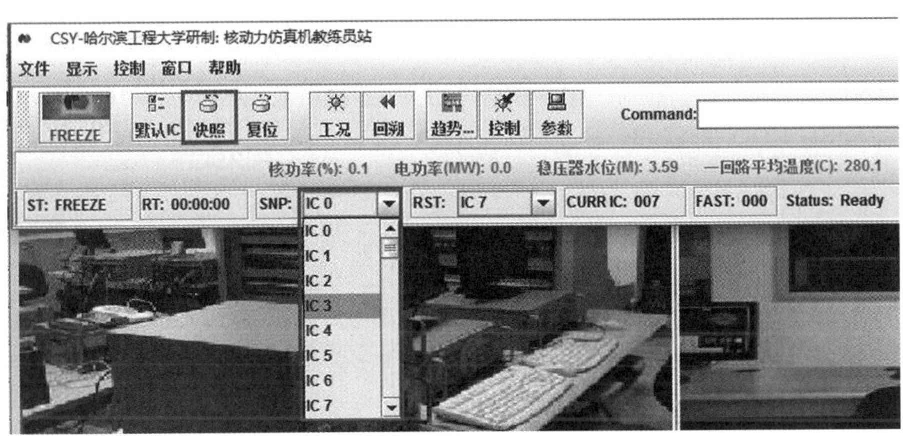

图4.34　仿真模型控制软件控制仿真机工况快照

④仿真模型的加减速功能

点击仿真模型控制画面主菜单“控制”,然后点击弹出画面的“Time Scaling Control”,接着可以通过弹出画面上可设置为实时(Real Time)、慢速(Slow Time)、加速(Turbo Time)以及设置加减速的速率值,如图4.35所示。

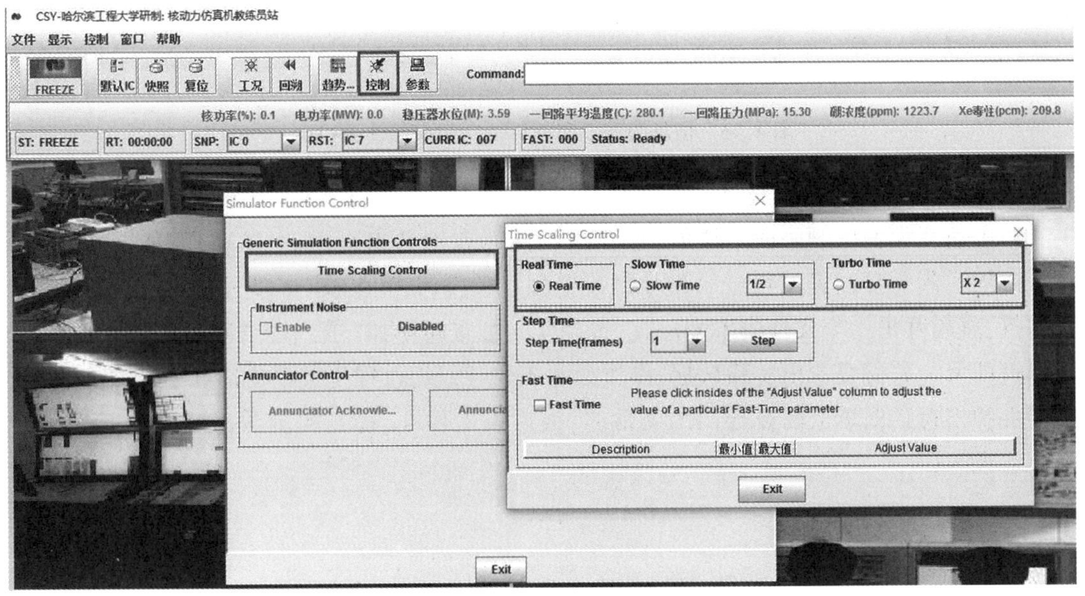

图4.35　仿真模型控制软件控制仿真机加减速控制

⑤仿真模型的回溯功能

点击仿真模型控制画面主菜单“回溯”,然后弹出如图 4.36(a)所示画面,接着选择一个回溯 IC,点击“backtrack Mode”出现如图 4.36(b)所示画面,通过画面“Reset”按钮进行复位,进入回溯工况。

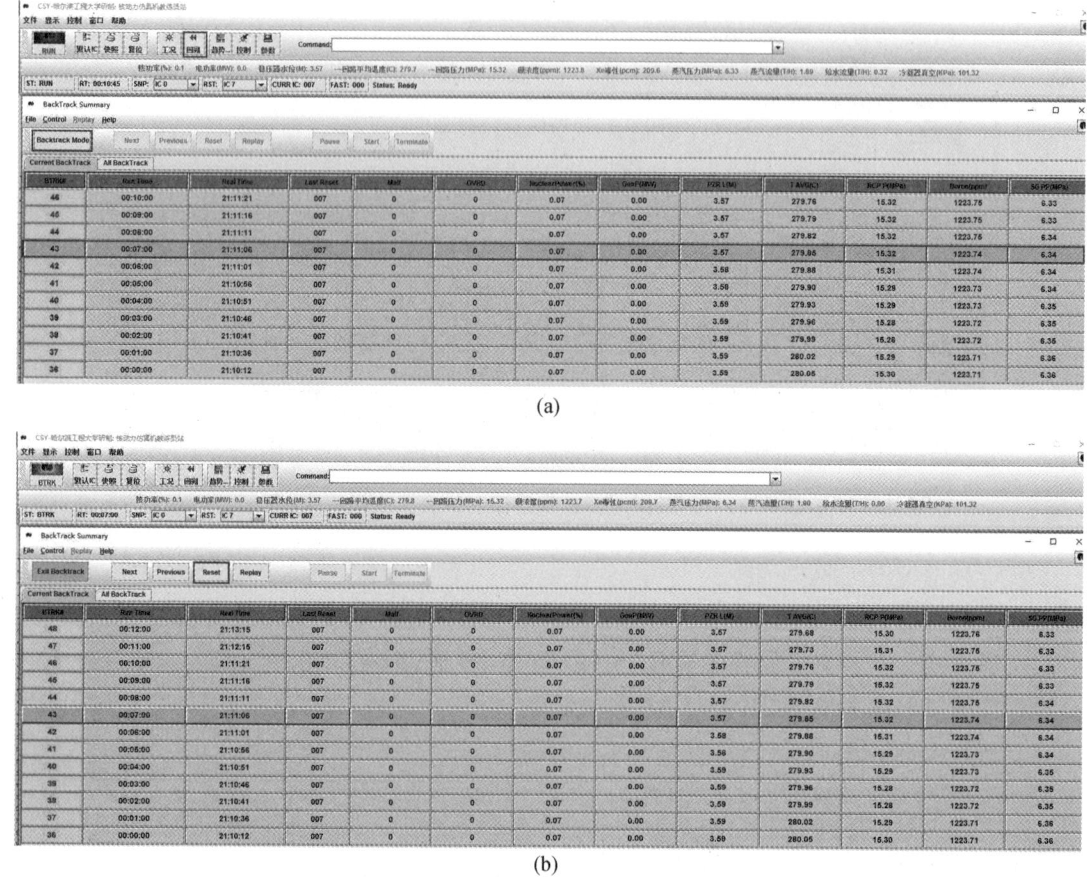

(a)

(b)

图 4.36 仿真模型控制软件控制仿真机回溯控制

⑥仿真模型的趋势图

点击仿真模型控制画面主菜单“趋势图”,然后点击弹出画面的“Trend”,如图 4.37 所示。不同实验需要配置不同显示和导出数据脚本文件,配置如图 4.38 所示,先在菜单 File→打开,然后弹出一个文件脚本文件夹,选择实验配置脚本如“蒸汽管道破裂事故”,最后点击打开即可。若需要导出实验数据,操作如图 4.39 所示,过程是菜单 File→导出趋势数据,然后在弹出对话框填上需要导出的文件名,最后点击保存,仿真实验数据的导出通过此功能来实现。

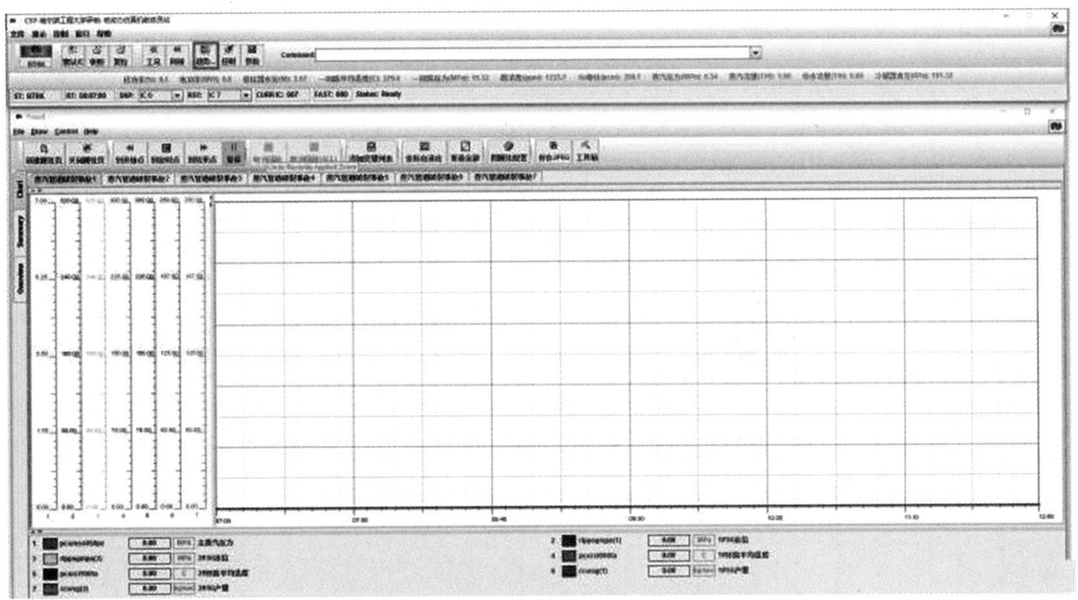

图 4.37　仿真模型控制软件控制仿真机趋势图

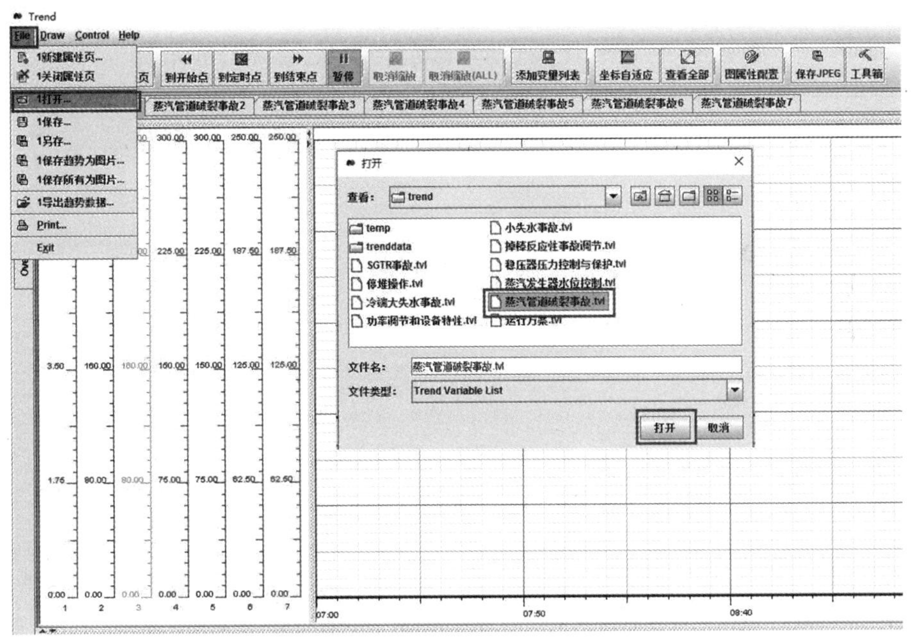

图 4.38　仿真模型控制软件控制仿真机趋势图脚本导入功能

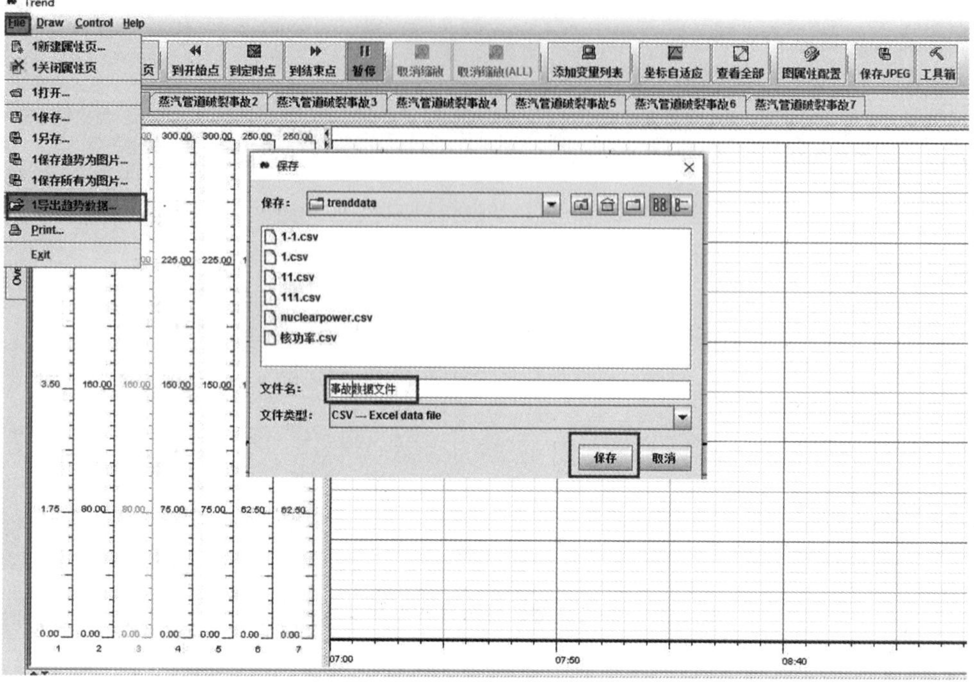

图 4.39　仿真模型控制软件控制仿真机趋势图数据导出功能

第5章　核电站运行虚拟仿真实验

5.1　反应堆功率调节实验

5.1.1　反应堆功率调节实验目的

反应堆功率调节
实验教学视频

实验目的：通过本实验，学生能够了解反应堆功率调节的方式并知晓控制棒是如何控制反应堆功率的。

5.1.2　反应堆功率调节实验步骤

实验系统：核电站运行虚拟仿真实验教学系统。

1. 实验原理及内容

核反应堆在运行过程中，它的一些物理参数都在不断地发生变化。反应堆启动后，必须随时克服由于温度效应、中毒和燃耗所引起的反应性变化；另一方面，为使反应堆启动、停闭、提升或降低功率，都必须采用外部控制的方法来控制反应性。

控制棒是强吸收体，它的移动速度快，操作可靠，使用灵活，控制反应性的准确度高，它是各种类型反应堆中紧急控制和功率调节所不可缺少的控制部件。它主要是用来控制反应性的快变化。具体地讲，主要是用它来控制下列一些因素所引起的反应性变化：

(1)燃料的多普勒效应；

(2)慢化剂的温度效应和空泡效应；

(3)变工况时，瞬态氙效应；

(4)硼冲稀效应；

(5)热态停堆深度；

控制棒是由硼和镉等易于吸收中子的材料制成的。压力容器外有一套机械装置可以操纵控制棒的升降。当功率处于稳定状态时，将控制棒插入反应堆，吸收掉的中子大于产生的中子，中子数减少，功率就降低了；相反，将控制棒提出反应堆，中子数增加，有更多的中子参加链式反应，功率就增加了。

2. 实验步骤

(1)启动仿真系统，选择初始边界 IC030 并复位工况；

(2)进入 SimInstructor(仿真机教练员软件)，设置实验结果参数脚本；

(3)进入 SimDCS(仿真机监控软件)，进入“主冷却剂系统”画面，设置运行方案模式，选择开关设置为“原方案”；

(4)在仿真机监控软件进入“DEH 控制”画面,点击“负荷控制”,设置目标负荷为 270 MW,负荷速率设置为 5 MW/min。

(5)完成负荷降低到 270 MW 稳定后,通过 SimInstructor 的 Trend 功能导出实验数据。

(6)重新复位工况,将功率调节设置为手动模式,然后仿真机监控软件进入“DEH 控制”画面,将负荷降低为 298 MW,系统稳定后将负荷重新设置为 300 MW,导出实验数据。

(7)在仿真机监控软件进入“化学容积控制系统”画面,点击“硼浓度控制”按钮,设置主冷却剂系统和稳压器硼浓度和变化率,系统稳定后导出实验数据。

(8)关闭仿真系统程序。

3. 实验记录

(略)。

5.2 反应堆运行特性实验

5.2.1 反应堆运行特性试验目的

实验目的:通过本实验学生能够了解核电站运行特性,通过主要参数的变化分析核电站的运行方案。

反应堆运行特性
实验教学视频

5.2.2 反应堆运行特性试验步骤

1. 实验原理及内容

核反应堆在运行过程中,它的一些物理参数都在不断地发生变化。在稳态运行条件下,以负荷为核心,各运行参数(温度、压力)应遵循的一种相互关系的特性。

控制方案的选择如下。

二回路功率 P_2 可由下式表示:

$$P_2=h\cdot S\cdot(T_{av}-T_s)$$

式中 h——蒸汽发生器传热系数;

S——蒸汽发生器传热面积;

T_{av}——一回路平均温度;

T_s——蒸汽发生器出口的蒸汽温度。

假设蒸汽发生器传热系数 h 和面积 S 恒定不变,则二回路功率仅是($T_{av}-T_s$)的函数。当功率增加时,可用两种方法来满足二回路的功率需求:降低蒸汽发生器出口的蒸汽温度和提高一回路平均温度。根据这个关系,可以考虑三种控制方案。

(1)一回路平均温度不变的方案

降低蒸汽发生器出口的蒸汽温度以满足二回路的功率需求,维持一回路平均温度不变,这对一回路有利。但这个方案受到汽机效率和尺寸的限制。

根据卡诺原理,汽机效率 η 为

$$\eta = 1 - \frac{T_e}{T_h}$$

其中 T_e——热阱温度(冷凝器温度);

T_h——热源温度(蒸汽发生器出口的蒸汽温度 T_s)。

当蒸汽发生器出口的蒸汽温度 T_s 降低时,相当于 T_h 降低,汽机效率会降低。因此 T_s 的降低受到汽机效率的限制。

为了使汽机达到设计的满功率,必须有一个足够大的进气压力,汽机尺寸就是按这个最低进气压力设计的。蒸汽发生器出口的蒸汽温度 T_s 降低,也就是蒸汽发生器压力降低,由于后者不能低于设计要求的最低值,因此 T_s 的降低受到汽机尺寸的限制。

(2)蒸汽发生器压力不变的方案

蒸汽发生器压力不变,也就是蒸汽发生器出口的蒸汽温度不变,这对二回路有利。但这个方案必须提高一回路平均温度来跟踪二回路功率的增加,受到一回路的各种限制:

①一回路平均温度变化过大,使一回路冷却剂容积变化过大,需要比较大的稳压器来补偿容积变化;

②上述同样原因使一回路排出的待处理的液体容积增加;

③一回路平均温度变化过大,会使控制棒组的移动范围增大。

如果二回路的功率迅速下降,由于主冷却剂的温度系数是负的,会释放出大量的反应性,必须靠插入控制棒加以补偿。控制棒的过深插入会引起严重的堆芯通量分布畸变,甚至有产生热点而烧毁包壳的危险。

(3)折中方案

为了克服上面两种控制方案的缺点,大多数核电站采用漂移一回路平均温度的折中方案。即随着机组功率上升,一回路平均温度逐渐增加,同时蒸汽发生器出口的蒸汽温度逐渐下降。

一回路平均温度 T_{av} 随负荷增加,在 291.4~310 ℃变化。蒸汽发生器出口的蒸汽压力 P_s 和蒸汽温度 T_s 随负荷增加而逐渐降低。图 5.1 中还给出了堆进、出口温度随负荷增加而变化的曲线。负荷在 0%~100%P_n 的范围内,堆进口温度只变化 1 ℃,所以又称这种方案为堆进口温度不变方案。

这种方案的优点是兼顾了一、二回路。

确定了一回路平均温度控制方案后,设计出的反应堆控制系统将维持一、二回路功率的匹配,即使一回路平均温度等于控制方案中的平均温度整定值。

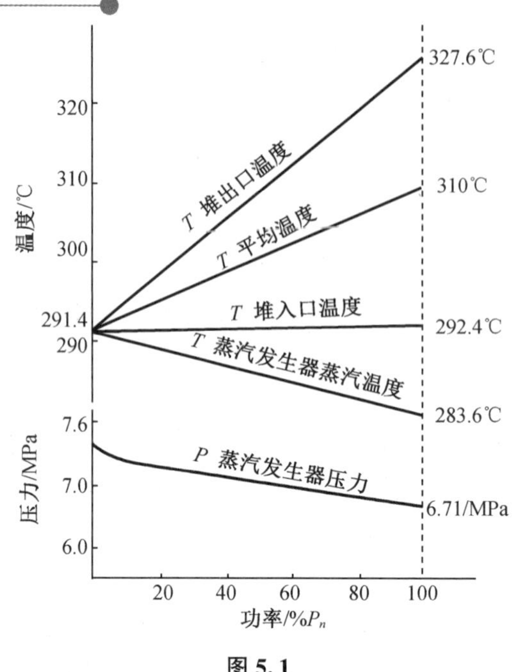

图 5.1

2. 实验步骤

①启动仿真系统,选择初始边界 IC030 并复位工况;

②进入 SimInstructor(仿真机教练员软件),设置实验结果参数脚本;

③进入 SimDCS(仿真机监控软件),进入“主冷却剂系统”画面,设置运行方案模式选择开关设置为“原方案”;

④在仿真机监控软件进入“DEH 控制”画面,点击“负荷控制”,分别设置目标负荷为 270 MW、240 MW、210 MW、180 MW、150 MW,负荷速率设置为 5 MW/min,每次降低负荷稳定 5 min 后进行下一步梯级降负荷。

⑤完成负荷降低到 150 MW 稳定后,通过 SimInstructor 的 Trend 功能导出实验数据。

⑥设置运行方案模式选择开关设置为“平均温度不变”,复位 IC201 并依次按第 4 步降低负荷,最后降低到 150 MW 稳定后,导出实验数据。

⑦设置运行方案模式选择开关设置为“出口温度不变”,复位 IC202 并依次按第 4 步降低负荷,最后降低到 150 MW 稳定后,导出实验数据。

⑧关闭仿真系统程序。

3. 实验记录

(略)。

5.3 核电站主要设备运行特性实验

5.3.1 核电站主要设备运行特性实验目的

核电站主要设备运行特性实验教学视频

实验目的:通过本实验学生能够了解核电站主要设备的运行特性,掌握稳压器、蒸汽发生器等主要设备的运行调节方式,以及影响主要参数的因素。

5.3.2 核电站主要设备运行特性实验步骤

1. 实验原理及内容

(1)稳压器

稳压器是对一回路冷却剂系统压力进行控制和超压保护的重要设备。它的主要功能是:在正常运行时保持一回路系统压力稳定在155 bar[①](abs)定值上;压力瞬态变化时,将系统压力控制在规定的范围内;当出现某种使压力急剧变化的事故工况时,提供相应的保护,从而防止堆芯或系统设备损坏,放射性物质外泄;吸收系统水容积的迅速变化。另外,在压水堆电站启动或停止过程中,稳压器则用来升压或降压;必要时稳压器还可以作为热力除氧器用来去除冷却剂中的裂变气体或其他有害气体。

要使稳压器压力和水位处在正常的范围内运行,必须对稳压器压力和水位进行调节(图5.2),其控制方法有以下几种。

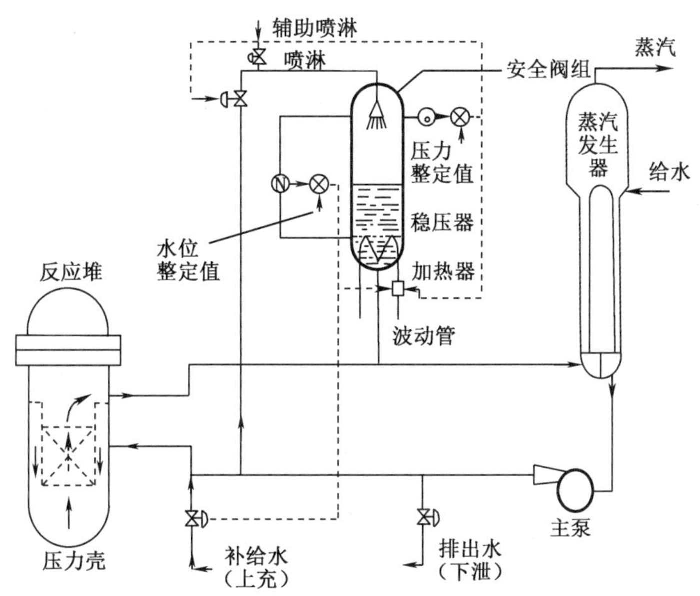

图5.2 稳压器压力和水位调节原理图

① 1 bar=1×10^5 Pa。

要提高稳压器的压力,采用加热法,用电加热器加热稳压器下部空间的饱和水,水温增高汽化增加,使稳压器上部蒸汽腔饱和压力上升。要降低稳压器压力,采用降温法,使来自环路冷段的低温冷却剂在压力壳进出口压差作用下进入稳压器喷嘴,对上部空间的蒸汽进行喷雾。突然喷入的雾化低温水滴使饱和蒸汽急骤放热,部分蒸汽凝成水,稳压器温度降低,使蒸汽饱和压力下降。在稳压器满水期间,系统压力调节临时由化学与容积控制系统来完成。稳压器水位过高,可以减少来自系统的一回路上充流量。稳压器水位过低,可增加来自系统的一回路上充流量。由于水位调节很缓慢,对稳压器压力、温度影响可以忽略不计。

(2)蒸汽发生器

蒸汽发生器是核电站一、二回路的枢纽,它的主要作用是将一回路冷却剂中热量传递给二回路给水,使之产生蒸汽用来驱动汽轮机发电。由于一回路冷却剂流经堆芯带有放射性,因此蒸汽发生器也是一回路压力边界,属于防止放射性物质外泄的第二道安全屏障。

(3)水位调节的必要性

蒸汽发生器水位是二次侧蒸汽发生器环形下降通道的水位,即冷段水柱的高度。而在管束腔热段汽水混合物上升通道内,因没有清楚的汽水两相分界面,因此也就无从谈起蒸汽发生器的水位。

核电站运行时,蒸汽发生器必须保持正常的水位。水位过低,蒸汽发生器二次侧水量过少,会导致 U 形传热管顶部裸露,使一回路冷却不充分,U 形传热管温度过高,引起传热管破损;蒸汽进入给水环形下降通道,有可能在给水通道内产生汽锤,损坏结构,恶化堆芯余热导出功能;同时还会造成管板受到热冲击。水位过高,会部分甚至全部淹没上部人字形干燥器;使出口蒸汽湿度增加,含水量超标,加剧汽轮机叶片的汽蚀,影响汽轮发电机组寿命甚至损坏机组。而且,水位过高会使蒸汽发生器内水的装量增加,在蒸汽管道破裂事故工况下,对堆芯产生过大的冷却而导致反应性事故发生。蒸汽管道破裂发生在安全壳内,则大量蒸汽的释放会导致安全壳温度、压力快速上升,危及安全壳的密封性能。图 5.3 为蒸汽发生器水位调节原理图。

2. 实验步骤

(1)稳压器运行特性实验步骤

①启动仿真系统,选择初始边界 IC030 并复位工况;

②进入 SimInstructor(仿真机教练员软件),设置实验结果参数脚本;

③进入 SimDCS(仿真机监控软件),进入"主冷却剂系统"画面,观察稳压器及一回路系统相关运行参数;

④在仿真机监控软件进入"化学容积控制系统"画面,加大 V02238 阀的开度来增加上充流量,使上充流量增加到 10 t/h,维持一段时间将上充流量恢复到正常运行值;

⑤在仿真机监控软件进入"化学容积控制系统"画面,减小 V02238 阀的开度来减少上充流量,使上充流量减少到 5 t/h,维持一段时间将上充流量恢复到正常运行值;

⑥复位到 IC030,将反应堆功率控制打到"手动控制",间歇提高反应堆功率并使反应堆系统压力增加,一直到稳压器喷淋阀降压投入,将反应堆功率调节投自动调节;

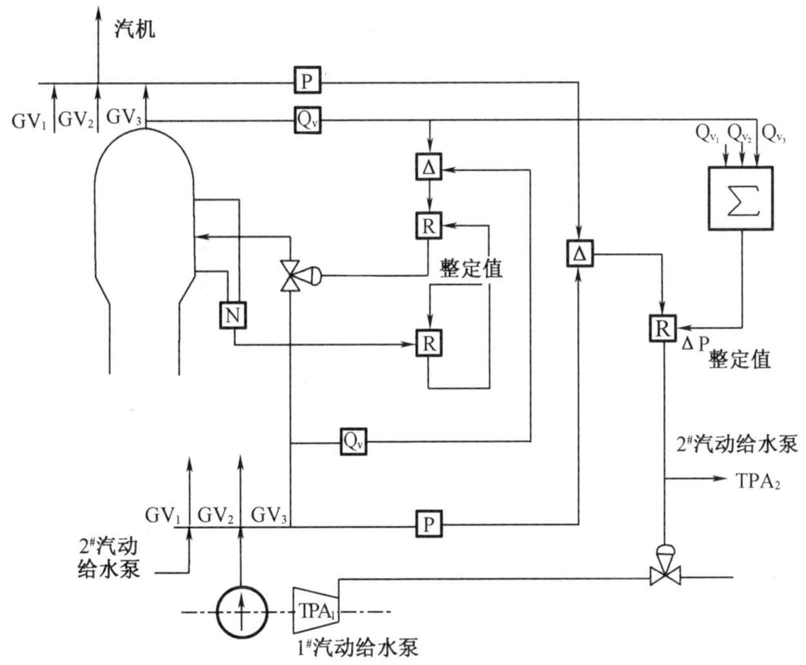

图 5.3 蒸汽发生器水位调节原理图

⑦复位到 IC030,将反应堆功率控制打到"手动控制",间歇降低反应堆功率并使反应堆系统压力降低,一直到电加热器全部投入,将反应堆功率调节投自动调节;

⑧最后根据各实验要求,导出实验数据。

(2)蒸汽发生器运行特性实验步骤

①启动仿真系统,选择初始边界 IC030 并复位工况。

②进入 SimInstructor(仿真机教练员软件),设置实验结果参数脚本。

③进入 SimDCS(仿真机监控软件),观察蒸汽发生器及一回路系统相关运行参数。

④在仿真机监控软件进入"主给水与除氧器系统"画面,将主给水调节阀 ZGS03V 和 ZGS04V 控制设置为"手动"。进入"DEH 控制"画面,将目标负荷设置为 270 MW 和负荷变化速率为 20 MW/min,观察蒸汽发生器水位变化,若干时间后将给水阀控制投自动控制;通过 SimInstructor 的 Trend 功能导出实验数据。

⑤复位工况,在仿真机监控软件进入"主给水与除氧器系统"画面,将主给水调节阀 ZGS03V 和 ZGS04V 控制设置为"手动",人为减少给水流量和增加给水流量。观察蒸汽发生器水位变化,若干时间后将给水阀控制投自动控制;通过 SimInstructor 的 Trend 功能导出实验数据。

⑥关闭仿真系统程序。

3. 实验记录

(略)。

5.4 核电站停堆实验

核电站停堆实验
教学视频(上)

核电站停堆实验
教学视频(下)

5.4.1 核电站停堆实验目的

通过本实验学生能够了解核电站停止基本过程和主要操作步骤,理解核电站停止过程中的注意事项,能够通过核电站在停闭过程的主要参数变化分析掌握系统运行的原理。

5.4.2 核电站停堆实验步骤

1. 实验原理及内容

(1)运行标准状态

在核电站的生产过程中,机组的运行状态往往由于外部(如电网故障影响)或内部(如某一重要设备故障停用或失效)的原因,从而使各种运行参数产生变化。为了使运行人员能在各种工况下控制好各种重要的运行参数,保证机组的正常运行和核安全,在技术规范中对反应堆的九种标准状态(图5.4)都做出了具体的规定。

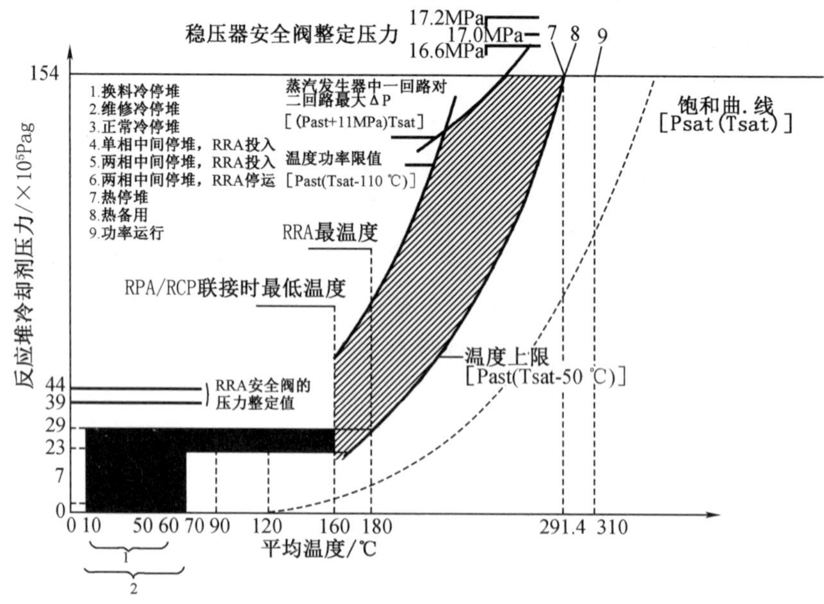

图5.4 运行标准状态梯形参考图

(2)冷停堆状态

冷停堆状态含换料冷停堆,维修冷停堆和正常冷停堆三种状态。在冷停堆状态,反应堆处于次临界,保证有足够的停堆裕度。如有必要,还应有防止反应堆被意外稀释的实体隔离,以免反应性事故发生。

①换料冷停堆。

所有控制棒均插入堆芯,一次冷却剂的平均温度 10 ℃ ≤T≤60 ℃,一回路压力为大气压。这时压力容器的顶盖已打开,停堆裕度大于 5 000 pcm,一次冷却剂的硼浓度大于 2 100 ppm。RRA 投入运行,以控制反应堆冷却剂温度,并保证硼浓度的均匀。

②维修冷停堆。

所有控制棒均插入堆芯,一次冷却剂温度应小于 70 ℃,大于 10 ℃,一回路被打开,压力为大气压,停堆裕度应大于 5 000 pcm,一次冷却剂的硼浓度应大于 2 100 ppm。

③正常冷停堆。

(3)中间停堆状态

中间停堆状态根据一回路稳压器内的汽腔是否已形成及停堆余热排出系统的状态分为单相中间停堆、两相中间停堆和正常中间停堆。此时反应堆处于次临界。

①单相中间停堆,余热排出系统投入

单相中间停堆的重要标志是一回路的冷却剂为单相液态,稳压器内还没有形成蒸汽空腔,停堆余热排出系统已接入一回路,且处于投运状态。反应堆处于次临界。

②两相中间停堆

在该状态下,稳压器内已形成蒸汽腔,停堆组棒组已抽出堆芯,停堆余热排出系统已投入运行。

③正常中间停堆

在该状态下,稳压器内已形成汽腔,而且停堆余热排出系统已退出运行。一回路的冷却是由蒸汽发生器来实现的。

(4)热停堆状态

当反应堆处于该状态时,反应堆处于次临界。至少两台主泵运行,且其中一台应在一环路上,冷却剂温度由蒸汽排放系统控制。

(5)热备用状态

这时的反应堆已达到临界状态,并且堆芯已产生核功率,但其核功率应小于反应堆额定功率的 2%。这主要是由蒸汽发生器的辅助给水系统的给水能力决定的。

(6)功率运行状态

反应堆处于临界状态,反应堆的核功率可以在 2%~100%额定功率之间调整,一次冷却剂的压力为 15.4 MPa,冷却一回路的二回路是由蒸汽发生器的正常给水系统、二回路汽轮机以及蒸汽旁路系统的运行来实现的。

(7)初始条件

①电站在 100%满负荷下稳定运行,DEH 系统处于“操纵员自动”模式。

②反应堆功率调节系统处于“自动”方式,调节棒组保持在调节带范围内运行,轴向功

率偏差 ΔI 控制在目标带内工作。

③稳压器压力控制系统、稳压器液位控制系统处于“自动”工作状态。

④汽机旁路排放系统置于“平均温度”控制方式。主蒸汽大气释放阀处于自动状态。

⑤蒸汽发生器液位由主给水调节阀自动控制调节。

⑥反应堆补给控制系统置于“自动补给”方式运行。一台离心式上充泵运行,另一台离心式上充泵热备用。

⑦反应堆保护系统、汽轮发电机组保护系统及各保护系统之间的连锁均处于正常工作状态。专设安全设施处于热备用状态。

⑧电站正常运行时,电厂由发电机经主变通过 200 kV 升压站向电网供电,并且通过厂变向工作母线供电。

⑨一、二回路各系统的调节阀门处于“自动”工作状态,各系统的运行设备运转正常,备用设备处于良好的待机状态。

(8)注意事项

①注意降温速率在规定的范围。

②注意降功率满足技术规格书的要求。

③在降温和降压的过程中参数要满足技术规格书的要求。

2. 实验步骤

(略)。

3. 实验记录

(略)。

5.5 核电站典型事故运行实验

5.5.1 核电站典型事故运行实验目的

核电站典型事故
运行实验教学视频

通过本实验学生能够了解核电站在发生掉棒引起的反应性事故、蒸汽发生器传热管断裂事故、蒸汽管道破裂事故及失水事故时系统主要参数的变化趋势,对事故的处理规程有初步的认识。

5.5.2 核电站典型事故运行实验步骤

1. 实验原理及内容

(1)掉棒事故

①物理机制

控制棒束掉落堆芯可能是由于一个或几个控制棒驱动机构发生了故障。当电厂处于功率运行模式时,反应堆保护系统会表现出电厂的工况异常,并可能触发反应堆紧急停堆,至于是否停堆则取决于掉落控制棒组的位置。

②主要现象

下列现象中的任何一个均可表明有掉棒：

a. 功率量程高中子注量率变化率；

b. 四个功率量程核仪表通道给出功率量程高中子注量率报警；

c. 单束棒棒位指示器到底灯亮并报警；

d. 功率量程核仪表中子注量率倾斜；

e. $T_{av}-T_{ref}$ 偏差过大；

f. 反应堆冷却剂 T_{av} 下降；

g. 若棒控处于自动，则自动控制棒组迅速提升。

③采取的措施

a. 自动动作

若棒控处于自动，且温度下降值超过了棒控制死区，则棒组将被提出，建立 $T_{av}-T_{ref}$ 平衡工况。

b. 立即动作

- 反应堆紧急停堆停机；
- 切除汽轮机“负荷控制”；
- 棒控转为手动；
- 如果表明有两束或两束以上控制棒束掉落堆芯，则执行正常停堆规程，将反应堆置于热备用模式；
- 若只有一束控制棒掉落，且它不属于控制棒组，则手动降低汽机负荷，使每个通道功率均不超过 100%；
- 若掉落的棒束属于控制组，则手动降低汽轮机负荷，以使 T_{av} 与 T_{ref} 符合；
- 连续监视核仪表和平均温度仪表，并维持工况的稳定。

注：某一棒组的提出会使其他棒组下降，甚至导致功率倾斜，因此在掉棒被恢复之前，任何提棒操作都必须按规程操作。

(2)传热管破裂事故 SGTR

①物理机制

SGTR 事故定义为 SG 发生一根或多根 U 形管出现裂缝导致连续的泄漏。作为设计基准事故的 SGTR 是只考虑一台 SG 内单独一根 U 形管完全断裂的情况。

引起蒸汽发生器 U 形管破损有以下主要原因：

- U 形管承受机械和热应力；
- 一、二回路水产生腐蚀，其中应力腐蚀是管子破损的主要原因，占 70%；
- U 形管的微振磨损；
- 压陷。

②风险

SGTR 的主要后果是一回路水污染二回路。如果再加上冷凝器不可用，受污染的蒸汽可能会通过蒸汽旁路系统由大气排放阀排向大气，污染环境。

如果事故处理不及时,可能会使 SG 和蒸汽管道充满水,这时通过大气旁路阀的液态排放的放射性比蒸汽排放的大得多(质量流量更大),因此液态排放放射性更危险。此外,SG 的安全阀带水操作可能会使它们卡在开的位置上,造成一个非常严重的事故叠加:SGTR 加上主蒸汽管道断裂事故,可能导致进入极限事故规程。

③采取的措施

如果泄漏量大,自动保护将有:

- PZR 压力低紧急停堆;
- 汽机跳闸;
- 安注投入;
- 主给水隔离;
- ASG 启动。

自动保护系统可以保证堆芯的安全,但不足以限制放射性的排放。要求操纵员首先应当识别事故,鉴别出发生事故的 SG 并把它隔离掉,使一回路降温降压以降低一回路冷却剂通过破口的流量,同时也避免将污染的蒸汽排向大气,把机组带到维修冷停堆。干预时要平衡一、二回路的压力和避免故障 SG 被充满。

特别注意的是隔离后的故障 SG 排污受到流量平衡阀的限制,使得 SG 极易被充满而形成带水释放。

(3)主蒸汽管道破裂事故 MSLB

①物理机制

主蒸汽管道破裂事故 MSLB 定义,为除了指蒸汽回路的一根管道(主管道或管嘴)出现破裂外,还包括蒸汽回路上的一个阀门(安全阀、排放阀或旁路阀)意外打开所导致的事故。

二回路上的一个阀门意外打开,可能是由于调节系统的误动作、机械故障或运行人员的误操作所造成的。

按照破口的大小,MSLB 事故可以是Ⅱ、Ⅲ、Ⅳ类工况:

- Ⅱ类工况——破口尺寸相当于 SG 一个安全阀打开的尺寸,即一个 SG 安全阀意外打开并卡死;
- Ⅲ类工况——破口尺寸大于一个安全阀打开形成的破口,且不能隔离;
- Ⅳ类工况——安全壳内蒸汽主管道的完全断裂。

②采取的措施

a. 自动保护

发生 MSLB 事故时,有一系列的自动保护会投入:

- 紧急停堆;
- 安注启动;
- 主蒸汽管道的隔离;
- 安全壳喷淋的投入。

b. 手动保护

发生 MSLB 事故时,要求操纵员进行干预:

• 尽快找出破口位置；
• 尽早停运受损 SG 相关的辅助给水；
• 寻找对一回路加硼的可能性；
• 限制一回路升压泵的充水。

(4)失水事故 LOCA

①物理机制

失水事故 LOCA 定义为反应堆冷却剂系统管道或与该系统连接的在第一个隔离阀以内的任一管线的破裂。破口的原因可能为：

• 一回路一根管道或辅助系统的管道破裂；
• 系统上的一个阀门意外打开或无法关闭；
• 泵的轴封或阀杆泄漏；
• 一根管道完全断裂；
• 管接口断裂。

因为失水事故的后果随破口的大小、位置和系统的初始状态的不同而有明显的不同，有以下几种情况：

a. 微小破口

能通过化学容积控制系统的上充得到补偿。稳压器的压力和水位不会降低到安注启动整定值以下，但必须尽快使反应堆冷停堆。

b. 小破口

堆芯不会裸露，单靠上充不能补偿喷出的冷却剂。稳压器的压力和水位都会下降，直到反应堆自动紧急停堆和安注投入，进入事故工况。破口喷出的冷却剂可由安注补偿。堆芯的剩余衰变热主要由蒸汽发生器导出，极力防止安全壳喷淋的启动。使用正常的冷却和降压方法可以使反应堆转到冷停堆。

c. 中破口

稳压器压力下降的瞬态较缓慢，相对于大破口来说，紧急停堆和安注的投入要迟一些，堆芯仍处于淹没状态。安全壳内压力高，安全壳喷淋不一定自动启动。

安注启动后，若一回路压力下降太快，必须停运主泵，以避免堆芯更严重的裸露。

对于接近下限的破口，可以用处理小破口的方法将反应堆过渡到冷停堆。

由于破口的泄压而使一回路冷却剂达饱和状态，蒸汽发生器来冷却可以降低其压力，从而减少破口的泄漏流量。

当堆芯完全被淹没时，因为泄漏流量和注入流量间达到平衡，所以一回路压力渐渐稳定下来。由于冷却的继续，系统最终将恢复到欠饱和状态。

d. 大破口——当量直径直到最大的一回路管道的双端剪切断裂

稳压器压力迅速下降直至等于安全壳内的压力，由于大量的质量和能量释放到安全壳内，安全壳内的压力和温度将增加，蒸汽发生器的压力同时也将逐渐下降。当稳压器压力低和低-低，将分别自动启动紧急停堆和安注。

根据 LOCA 失水事故发生的频率和后果，它们可能为Ⅱ、Ⅲ、Ⅳ类工况。

- 第Ⅱ类工况为可快速隔离的破口,这时 DNBR 仍满足要求。
- 第Ⅲ类工况为一回路小破口。
- 第Ⅳ类工况为中破口、大破口

③大破口的主要演变过程

a. 降压的力学影响

- 降压波在回路中的传播;
- 主泵超速:下游出现大破口时,由于主泵的出口处压力突然下降,这台主泵就会超速运转。上游出现大破口时,泵内的流动将反向,转动也换向。在这种情况下,主泵惰转飞轮的惯性很重要,它的设计应考虑能抗拒这种作用;
- 控制棒驱动机构、堆内构件、压力容器、一回路的支撑件在设计中均要考虑接受这种冲击。

b. 热工水力的影响

一般的热工水力过程分为:

- 一回路快速降压、排空;
- 堆芯再淹没;
- 燃料棒再浸湿。

重点考虑燃料棒和安全壳。

c. 燃料棒方面的考虑

- 温度的变化;
- 包壳的机械特性;
- 锆-水反应。

d. 安全壳方面的考虑

- 间隔的压力上升;
- 安全壳内的压力上升;
- 压力壳坑的压力上升;
- 热应力和机械应力;
- 安全壳内的氢气。

④采取的措施

a. 自动保护要达到的目的

- 停止产生核功率(事故紧急停堆);
- 当堆芯出现失水危险时应避免或限制堆芯失水(安注);
- 压力容器下封头再充水和堆芯再淹没(安注);
- 限制安全壳内压力峰值,特别是限制温度升高(安全壳喷淋);
- 禁止放射性释放到安全壳外(安全壳隔离)。

b. 手动保护要达到的目的

- 为保证安全壳的密封性,在一定条件下手动启动 EAS 喷淋;

- 堆芯长期冷却的建立需要冷、热段的安注转换；
- RRA 连接时的破口处理可能手动启动低压安注。

2. 实验步骤

（1）掉棒引起的反应性事故

①启动仿真系统，选择初始边界 IC203 并复位工况；

②进入 SimInstructor（仿真机教练员软件），设置实验结果参数脚本；

③进入 SimDCS（仿真机监控软件），进入"主冷却剂系统"画面，确认运行方案模式选择开关设置为"原方案"；

④在仿真机监控软件进入"主冷却剂系统"，设置掉棒故障。

⑤反应堆停堆后稳定后，通过 SimInstructor 的 Trend 功能导出实验数据。

⑥关闭仿真系统程序。

（2）蒸汽发生器传热管断裂事故

①启动仿真系统，选择初始边界 IC203 并复位工况；

②进入 SimInstructor（仿真机教练员软件），设置实验结果参数脚本；

③进入 SimDCS（仿真机监控软件），进入"主冷却剂系统"画面，确认运行方案模式选择开关设置为"原方案"；

④在仿真机监控软件进入"主冷却剂系统"，设置 SGTR 故障。

⑤反应堆停堆并安注稳定后，通过 SimInstructor 的 Trend 功能导出实验数据。

⑥关闭仿真系统程序。

（3）蒸汽管道破裂事故

①启动仿真系统，选择初始边界 IC203 并复位工况；

②进入 SimInstructor（仿真机教练员软件），设置实验结果参数脚本；

③进入 SimDCS（仿真机监控软件），进入"主冷却剂系统"画面，确认运行方案模式选择开关设置为"原方案"；

④在仿真机监控软件进入"主冷却剂系统"，设置蒸汽管道破裂故障。

⑤反应堆停堆后稳定后，通过 SimInstructor 的 Trend 功能导出实验数据。

⑥关闭仿真系统程序。

（4）失水事故

①启动仿真系统，选择初始边界 IC203 并复位工况；

②进入 SimInstructor（仿真机教练员软件），设置实验结果参数脚本；

③进入 SimDCS（仿真机监控软件），进入"主冷却剂系统"画面，确认运行方案模式选择开关设置为"原方案"；

④在仿真机监控软件进入"主冷却剂系统"，设置 LOCA 故障。

⑤反应堆停堆并安注稳定后，通过 SimInstructor 的 Trend 功能导出实验数据。

⑥关闭仿真系统程序。

3. 实验记录

（略）。

附　　录

附录 A　附　　图

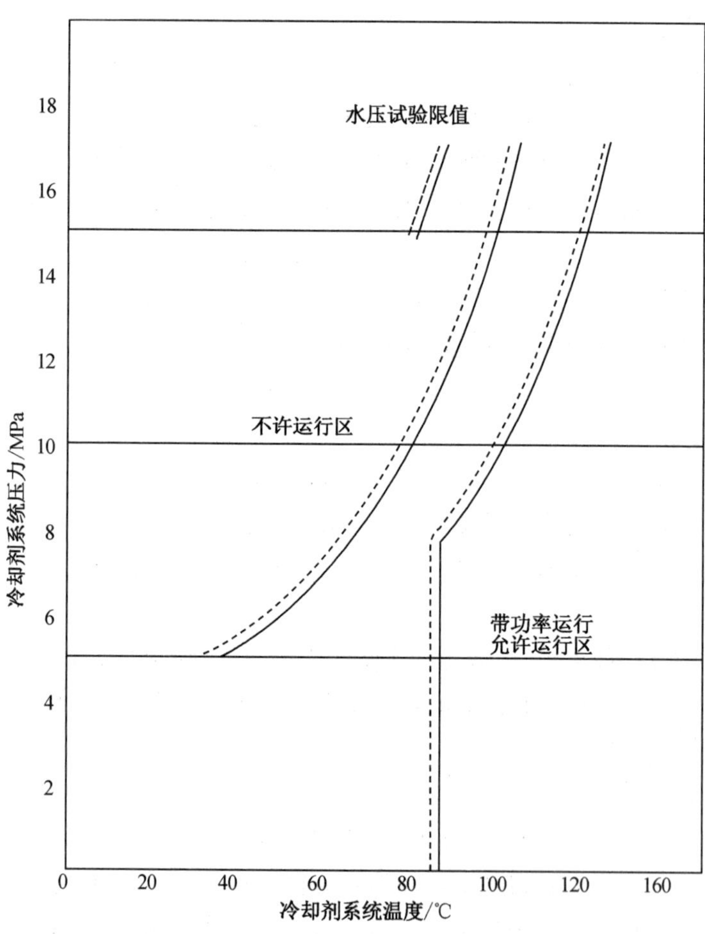

图 A.1　堆冷却系统压力-温度限值曲线

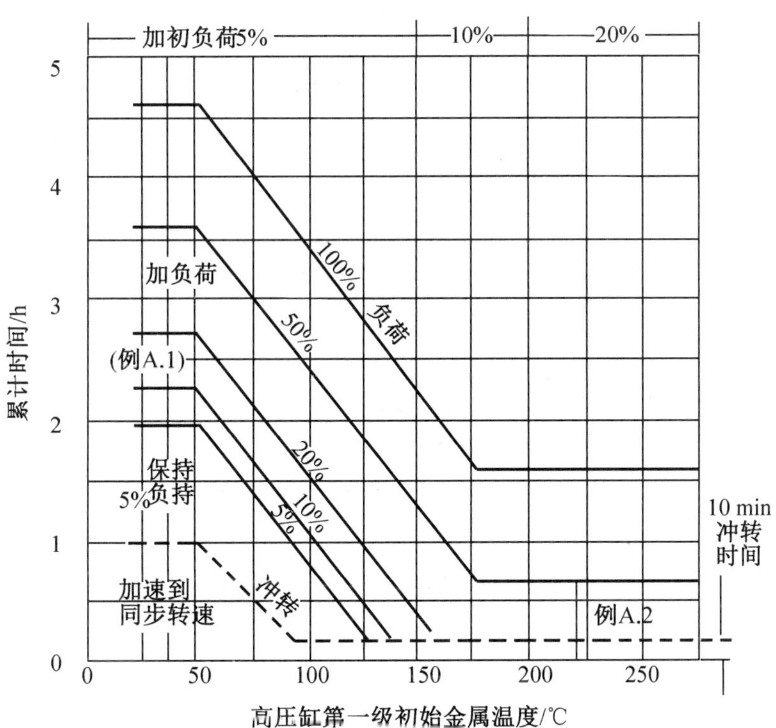

图 A.2　汽机启动、加负荷推荐曲线

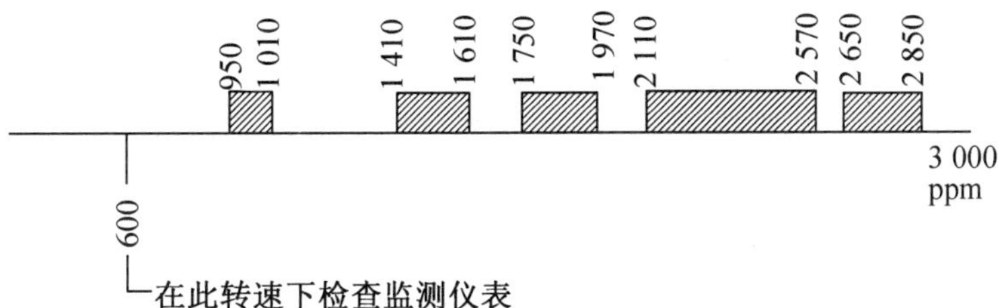

图 A.3　保持汽轮机转速的建议

注:①不得在共振转速范围内长时间保持转速,如果有必要的话,那么,在稳速之前应将转速降至共振转速范围以下。图阴影线部分表示出低压汽轮机叶片应该避开的共振转速范围。

②此图适用于低压汽轮机 88-074 末级叶片 34. 2 in(1 in=2. 54 m)。

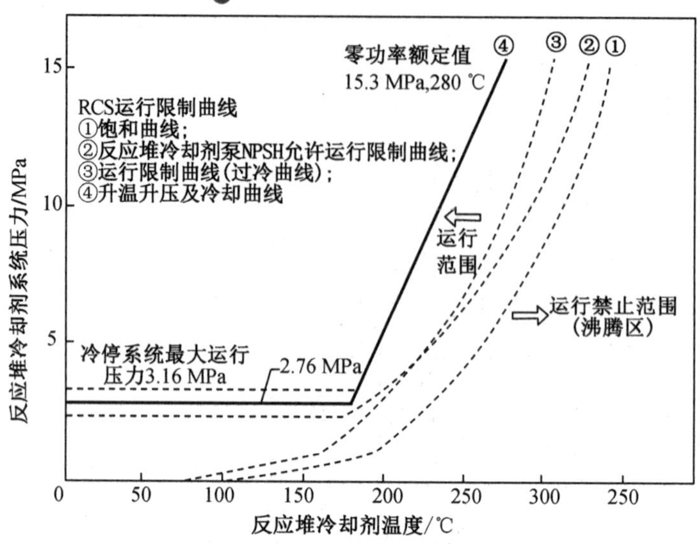

图 A.4 反应堆冷却剂加热、冷却限制曲线

附录 B　实验报告表格

1. 反应堆功率调节实验(表 B.1)

表 B.1　反应堆功率调节实验记录表格

主要参数	单位	参数值	主要参数	单位	参数值
核功率			电功率		
冷却剂流量			硼浓度		
冷却剂平均温度			稳压器压力		
棒位 T1			棒位 T2		
棒位 T3			棒位 T4		
棒位 A1			棒位 A2		
冷却剂入口温度			冷却剂出口温度		
蒸汽温度			给水流量		
给水温度					

注:根据实验步骤,每次反应堆功率调节后,在系统稳定时在表格中记录该组实验数据。

2. 核电站运行特性实验(表 B.2)

表 B.2　核电站运行特性实验记录表格

主要参数	单位	参数值				
		1	2	3	4	5
核功率						
电功率						
冷却剂入口温度						
冷却剂出口温度						
冷却剂平均温度						
稳压器压力						
冷却剂流量						
蒸汽温度						
给水温度						
给水流量						

注:根据实验步骤,每一运行方案稳定后在表格中记录该组实验数据。

3. 核电站主要设备运行特性实验(表 B.3、表 B.4)

表 B.3　稳压器主要参数记录表格

稳压器主要参数	单位	参数值	稳压器主要参数	单位	参数值
核功率			电功率		
冷却剂流量			冷却剂平均温度		
冷却剂入口温度			冷却剂出口温度		
给水温度			蒸汽温度		
稳压器压力			给水流量		
稳压器水位			稳压器内温度		
上充流量			下泄流量		
电加热器功率			喷淋流量		

注:根据实验步骤,每次改变运行条件系统稳定后在表格中记录该组实验数据。

表 B.4　蒸汽发生器主要参数记录表格

蒸汽发生器主要参数	单位	参数值	蒸汽发生器主要参数	单位	参数值
核功率			电功率		
冷却剂流量			冷却剂平均温度		
冷却剂入口温度			冷却剂出口温度		
给水温度			蒸汽温度		
给水流量			蒸汽流量		
给水调节方式		手动/自动	蒸汽发生器水位		
蒸汽排放方式			冷凝器压力		

注:根据实验步骤,每次改变运行条件系统稳定后在表格中记录该组实验数据。

4. 核电站停堆实验(表 B.5 至表 B.10)

表 B.5　发电机功率从 100%到 65%记录表格

主要参数	单位	发电机功率从 100%到 65%	实验过程观察到的现象
电功率			
核功率			
冷却剂流量			
冷却剂平均温度			
冷却剂入口温度			
冷却剂出口温度			
给水温度			

表 B.5(续)

主要参数	单位	发电机功率从 100%到 65%	实验过程观察到的现象
蒸汽温度			
稳压器压力			
稳压器水位			
稳压器内温度			
上充流量			
下泄流量			
给水流量			
蒸汽流量			
冷凝器压力			
凝水温度			
凝水流量			

表 B.6 发电机功率到达 50%记录表格

主要参数	单位	发电机功率到达 50%	实验过程观察到的现象
电功率			
核功率			
冷却剂流量			
冷却剂平均温度			
冷却剂入口温度			
冷却剂出口温度			
给水温度			
蒸汽温度			
稳压器压力			
稳压器水位			
稳压器内温度			
上充流量			
下泄流量			
给水流量			
蒸汽流量			
冷凝器压力			
凝水温度			
凝水流量			

表 B.7 发电机功率到达 15%记录表格

主要参数	单位	发电机功率到达 15%	实验过程观察到的现象
电功率			
核功率			
冷却剂流量			
冷却剂平均温度			
冷却剂入口温度			
冷却剂出口温度			
给水温度			
蒸汽温度			
稳压器压力			
稳压器水位			
稳压器内温度			
上充流量			
下泄流量			
给水流量			
蒸汽流量			
冷凝器压力			
凝水温度			
凝水流量			

表 B.8 发电机功率到达 0 记录表格

主要参数	单位	发电机功率到达 0 汽机停机	实验过程观察到的现象
电功率			
核功率			
冷却剂流量			
冷却剂平均温度			
冷却剂入口温度			
冷却剂出口温度			
给水温度			
蒸汽温度			
稳压器压力			
稳压器水位			
稳压器内温度			
上充流量			
下泄流量			

表 B.8(续)

主要参数	单位	发电机功率到达 0 汽机停机	实验过程观察到的现象
给水流量			
蒸汽流量			
冷凝器压力			
凝水温度			
凝水流量			

表 B.9　热停堆确认记录表格

主要参数	单位	热停堆确认	实验过程观察到的现象
电功率			
核功率			
冷却剂流量			
冷却剂平均温度			
冷却剂入口温度			
冷却剂出口温度			
给水温度			
蒸汽温度			
稳压器压力			
稳压器水位			
稳压器内温度			
上充流量			
下泄流量			
给水流量			
蒸汽流量			
冷凝器压力			
凝水温度			
凝水流量			

表 B.10　降温降压过程记录表格

主要参数	单位	降温降压过程	实验过程观察到的现象
电功率			
核功率			
冷却剂流量			
冷却剂平均温度			
冷却剂入口温度			

表 B.10(续)

主要参数	单位	降温降压过程	实验过程观察到的现象
冷却剂出口温度			
给水温度			
蒸汽温度			
稳压器压力			
稳压器水位			
稳压器内温度			
上充流量			
下泄流量			
给水流量			
蒸汽流量			
冷凝器压力			
凝水温度			
凝水流量			

5. 核电站事故实验(表 B.11 至表 B.14)

表 B.11　掉棒引起的反应性事故记录表格

掉棒引起的反应性事故								
主要变量	单位	1	2	3	4	5	6	7
核功率								
电功率								
冷却剂流量								
冷却剂出口温度								
冷却剂入口温度								
冷却剂平均温度								
稳压器压力								
稳压器水位								
稳压器内温度								
给水流量								
给水温度								
蒸汽温度								
蒸汽流量								

表 B.12　蒸汽发生器管子断裂事故记录表格

蒸汽发生器管子断裂事故								
主要变量	单位	1	2	3	4	5	6	7
核功率								
电功率								
冷却剂流量								
冷却剂出口温度								
冷却剂入口温度								
冷却剂平均温度								
给水温度								
蒸汽温度								
稳压器压力								
稳压器水位								
稳压器内温度								
给水流量								
安注流量								

表 B.13　蒸汽管道破裂事故记录表格

蒸汽管道破裂事故								
主要变量	单位	1	2	3	4	5	6	7
核功率								
电功率								
冷却剂流量								
冷却剂出口温度								
冷却剂入口温度								
冷却剂平均温度								
给水温度								
给水流量								
蒸汽温度								
蒸汽流量								
稳压器压力								
稳压器水位								
稳压器内温度								
安注流量								

表 B. 14　失水事故记录表格

失水事故								
主要变量	单位	1	2	3	4	5	6	7
核功率								
电功率								
冷却剂流量								
冷却剂出口温度								
冷却剂入口温度								
冷却剂平均温度								
稳压器压力								
稳压器水位								
稳压器内温度								
上充流量								
下泄流量								
给水流量								
给水温度								
蒸汽温度								
蒸汽流量								
安注流量								

参考文献

[1] 国家核安全局. 核电厂设计总的安全原则:HAD 102/01—1989[S/OL].(1989-07-12)[2021-10-14]. https://nnsa.mee.gov.cn/ztzl/fgbzwjk/haqdz/hdc/202303/P020230328481143269571.pdf.

[2] 欧阳予. 秦山核电工程[M]. 北京:原子能出版社,1994

[3] 陈济东. 大亚湾核电站系统及运行:上册[M]. 北京:原子能出版社,1994.

[4] 陈济东. 大亚湾核电站系统及运行:中册[M]. 北京:原子能出版社,1994.

[5] 陈济东. 大亚湾核电站系统及运行:下册[M]. 北京:原子能出版社,1995.

[6] 于俊崇. 船用核动力[M]. 上海:上海交通大学出版社,2016.

[7] 国家核安全局. 核动力厂反应堆堆芯设计:HAD 102/07—2020[S/OL].(2020-12-30)[2021-10-14]. https://nnsa.mee.gov.cn/ztzl/fgbzwjk/haqdz/hdc/202303/P020230327634593710997.pdf.

[8] 张大发. 船用核反应堆运行管理[M]. 哈尔滨:哈尔滨工程大学出版社,2010.

[9] 赵福宇,魏新宇. 核反应堆动力学与运行基础[M]. 西安:西安交通大学出版社,2015.

[10] 彭敏俊. 船舶核动力装置[M]. 北京:原子能出版社,2009.

[11] 阎昌琪. 核反应堆工程[M]. 3版. 哈尔滨:哈尔滨工程大学出版社,2020.

[12] 李泽华. 核反应堆物理[M]. 北京:原子能出版社,2010.

[13] 韩延德. 核电厂水化学[M]. 北京:原子能出版社,2010.

[14] 郑福裕,邵向业,丁云峰. 核电厂运行概论[M]. 北京:原子能出版社,2010.

[15] Bowman C F,Bowman S N. 核电站热力工程[M]. 孙觊琳,薛若军,译. 哈尔滨:哈尔滨工程大学出版社,2023.

[16] 国家核安全局. 核动力厂反应堆冷却剂系统及其有关系统的设计:HAD 102/08—2020[S/OL].(2020-12-30)[2021-10-14]. https://nnsa.mee.gov.cn/ztzl/fgbzwjk/haqdz/hdc/202303/P020230327633857704663.pdf.

[17] 国家核安全局. 核动力厂反应堆安全壳及其有关系统的设计:HAD 102/06—2020[S/OL].(2020-12-30)[2021-10-14]. https://www.mee.gov.cn/xxgk2018/xxgk/xxgk09/202102/W020210201520417715574.pdf.

[18] 国家核安全局. 核动力厂仪表和控制系统设计:HAD 102/10—2021[S/OL].(2021-09-30)[2021-10-14]. https://nnsa.mee.gov.cn/ztzl/fgbzwjk/haqdz/hdc/202303/P020230327633204763283.pdf.

[19] 马明泽. CP300核电厂仪表和控制系统/设备及运行[M]. 北京:原子能出版社,2010.

[20] 马明泽. CP300核电厂一回路系统/设备及运行[M]. 北京:原子能出版社,2011.

[21] 马明泽. CP300 核电厂二回路系统/设备及运行[M]. 北京:原子能出版社,2010.

[22] 夏延龄,周一东,黄兴荣. 核电厂核蒸汽供应系统[M]. 北京:原子能出版社,2010.

[23] 单建强. 压水堆核电厂系统与设备[M]. 西安:西安交通大学出版社,2021.

[24] 臧希年. 核电厂蒸汽动力转换系统[M]. 北京:原子能出版社,2010.

[25] 丁云峰,李永章. 核电厂运行概述[M]. 北京:原子能出版社,2010.

[26] 国家核安全局. 核动力厂运行限值和条件及运行规程:HAD 103/01—2004[S/OL]. [2021-10-14]. https://nnsa.mee.gov.cn/ztzl/fgbzwjk/haqdz/hdc/202303/P020230327614344556950.pdf.

[27] 国家核安全局. 核动力厂营运单位的组织和安全运行管理:HAD 103/06—2006[S/OL]. (2006-06-19)[2021-10-14]. https://nnsa.mee.gov.cn/ztzl/fgbzwjk/haqdz/hdc/202303/P020230327604169384716.pdf.

[28] 陈学锋. 秦山核电厂运行技术规格书应用与改进[J]. 中国核电,2018,11(02):265-269.

[29] 朱继洲. 压水堆核电厂的运行[M]. 2 版. 北京:原子能出版社,2008.

[30] 缪亚民. AP1000 核电厂核岛系统初级运行[M]. 北京:原子能出版社,2011.

[31] 上海发电设备成套设计研究院,上海核工程研究设计院. 核电厂运行和维修规范:2004 版[M]. 上海:上海科学技术文献出版社,2007.

[32] U. S. NRC. Westinghouse Plants(Revision 5):NUREG-1431[S/OL]. (2021-09-01)[2021-10-14]. https://www.nrc.gov/docs/ML2125/ML21259A155.pdf.